Universität Stuttgart
Institut für Energieübertragung und Hochspannungstechnik, Band 40

Prädiktive Pulskompensation zur aktiven Gleichtaktentstörung von leistungselektronischen Wandlern im CISPR 25 Komponententest

Prädiktive Pulskompensation zur aktiven Gleichtaktentstörung von leistungselektronischen Wandlern im CISPR 25 Komponententest

Von der Fakultät
Informatik, Elektrotechnik und Informationstechnik
der Universität Stuttgart
zur Erlangung der Würde eines Doktor-Ingenieurs (Dr.-Ing.)
genehmigte Abhandlung

vorgelegt von
Denis Müller
aus Kirchheim unter Teck

Hauptberichter:	Prof. Dr.-Ing. S. Tenbohlen
Mitberichter:	Prof. Dr.-Ing. J. Roth-Stielow
Tag der mündlichen Prüfung:	07.12.2022

Institut für Energieübertragung und Hochspannungstechnik der
Universität Stuttgart

2023

Bibliografische Information der Deutschen Nationalbibliothek:

Die Deutsche Nationalbibliothek verzeichnet diese Publikation in der Deutschen Nationalbibliografie, detaillierte bibliografische Daten sind im Internet über http://dnb.dnb.de abrufbar.

Universität Stuttgart
Institut für Energieübertragung und Hochspannungstechnik, Band 40

D 93 (Dissertation Universität Stuttgart)

Prädiktive Pulskompensation zur aktiven Gleichtaktentstörung von leistungselektronischen Wandlern im CISPR 25 Komponententest

© 2023 Denis Müller

Herstellung und Verlag: BoD – Books on Demand, Norderstedt

ISBN: 978-3-73861-209-7

Danksagung

Die vorliegende Arbeit entstand während meiner Tätigkeit als wissenschaftlicher Mitarbeiter am Institut für Energieübertragung und Hochspannungstechnik der Universität Stuttgart. Angeregt wurde diese Arbeit durch Fragestellungen und Herausforderungen der EMV, die in enger Kooperation mit der Robert Bosch GmbH entstanden sind.

An erster Stelle gilt mein Dank Prof. Dr.-Ing. Stefan Tenbohlen für die Möglichkeit zur Promotion, sein in mich gesetztes Vertrauen und seine uneingeschränkte Unterstützung während meiner Zeit am Institut. Weiterhin möchte ich mich bei Prof. Dr.-Ing. Jörg Roth-Stielow für die Übernahme des Mitberichts und seinen Feinschliff an der Arbeit bedanken. Stellvertretend für die Mitarbeiter der Abteilungen CR/ARE sowie AE/EMC der Robert Bosch GmbH möchte ich mich bei Konstantin Spanos für die Initiierung der Arbeit sowie den engen fachlichen Austausch bedanken. Ohne die fachliche Unterstützung und die Rückmeldungen aus der praktischen Anwendung wäre die vorliegende Arbeit in diesem Rahmen sicherlich nicht möglich gewesen.

Mein Dank gilt allen Kolleginnen und Kollegen am IEH für die familiäre Atmosphäre, den vielen Spaß und die wilden Feiern, die den Gedanken immer wieder Platz für neue Ideen eingeräumt haben. Besonders möchte ich Michaela Gruber, Michael Beltle, Jonas Bertelmann und Manuel Haug für die diversen fachlichen Diskussionen und Anregungen für die Arbeit danken. Großer Dank gilt auch Kathrin Walz für den gesunden kollegialen Wettbewerb bei der Gestaltung der Lehrtätigkeit. Ebenso danke ich der Institutsleitung, dem Sekretariat und der Werkstatt für ihre Unterstützung.

Hervorheben möchte ich auch die Unterstützung diverser Studentinnen und Studenten, die im Rahmen ihrer Abschlussarbeiten sowie HiWi Tätigkeiten jede und jeder ihren kleinen Anteil am Gelingen dieser Arbeit leisten konnten.

Abschließend möchte ich meinen Eltern Karin und Bernd sowie Jana, Samantha und Sebastian für ihre moralische Unterstützung und ihr Verständnis während der Höhen und Tiefen dieser Arbeit danken.

Inhaltsverzeichnis

Kurzfassung

Die zunehmende Elektrifizierung des Antriebsstrangs, und damit der Einzug großer, leistungselektronischer Konverter, stellt die elektromagnetische Verträglichkeit in Fahrzeugen vor neue Herausforderungen. Aktive EMV-Filter sollen die Miniaturisierung der Entstörelemente in der Leistungselektronik voranbringen. Die Realisierung aktiver EMV-Filter im Hochvoltbordnetz birgt wiederum eine ganze Reihe eigener Schwierigkeiten, die für einen flächendeckenden Einsatz adressiert werden müssen.

Die vorliegende Arbeit beschäftigt sich mit der Entwicklung einer Methode zur aktiven Störunterdrückung, die genau auf die Entstörung von leistungselektronischen Komponenten im Hochvoltbordnetz zugeschnitten ist. Anhand der aktiven EMV-Entstörung eines Pulswechselrichters wird der Stand der Forschung im Bereich aktiver EMV-Filter demonstriert. Basierend auf dem vorgestellten Prototyp werden die Schwächen der konventionellen Realisierung in analoger Schaltungstechnik identifiziert. Der aufgebaute Prototyp wird als Maßstab für die alternativ entwickelte Entstörmethode herangezogen.

Basierend auf der getakteten Funktionsweise von leistungselektronischen Wandlern wird eine neuartige Entstörmethode abgeleitet. Bei dieser Methode wird ein gepulstes Rechtecksignal den Störsignalen der Leistungselektronik destruktiv überlagert. Das Kompensationssignal wird über eine Hilfsspannungsquelle erzeugt und mittels zweier Kondensatoren auf die zu entstörenden Leitungen eingeprägt. Um eine möglichst hohe Dämpfungswirkung zu erzielen, muss das Kompensationssignal zeitlich exakt auf die Störanregung in Form der Schaltsignale der Leistungsmodule synchronisiert und deren Amplituden aufeinander abgestimmt werden. Die sogenannte Pulskompensation kommt mit einer Zwei-Punkt Topologie als aktivem Element aus. Durch das Zusammenspiel von Störanregung und Koppelpfad in leistungselektronischen Komponenten kann damit eine für die Anwendung passend zugeschnittene Entstörmethode entwickelt werden. Hierzu wird ein Modell entwickelt, mit dem die notwendige Pulsform, Pulsamplitude und Synchronisationsgenauigkeit bestimmt werden können. Ebenso lässt sich die erreichbare Filterdämpfung aus dem Modell ableiten.

Der theoretisch entwickelte Ansatz wird anhand eines Tiefsetzstellers für stationär getaktete, leistungselektronische Komponenten in den praktischen Einsatz überführt. Dabei wird sowohl die Effektivität der Pulskompensation zur Störunterdrückung demonstriert, als auch das vorgestellte, analytische Modell validiert. Anhand stationärer, aber auch dynamischer Veränderungen im Betriebspunkt des

Tiefsetzsteller kann eine Methode zur automatischen Nachführung veränderter Betriebspunkte abgeleitet werden.

Die Nachführung erlaubt neben dem stationären Betrieb auch die Anwendung auf dynamisch getaktete Komponenten. Anhand eines Pulswechselrichters wird die Transformation der Methode von DC/DC Wandlern hin zu DC/AC Wandlern abgeleitet. Dabei liegt der Fokus auf den notwendigen Anpassungen in Hardware und Software der Pulskompensation.

Abschließend erfolgt ein Vergleich der vorgestellten Methode mit einer konventionellen aktiven Filtermethode. Der eingangs aufgebaute, aktive Filter in Analogtechnik wird hierfür als Maßstab zur Bewertung herangezogen. Dabei zeigt sich, dass die neue Methode höhere Dämpfungswerte und eine größere Bandbreite erzielt. Auch Bauraum und Kosten können mit der Pulskompensation gegenüber konventionellen aktiven Filtern nochmals deutlich reduziert werden.

Abstract

The increasing electrification of the powertrain and, thus, the use of large power electronic converters causes new challenges for electromagnetic compatibility in vehicles. Active EMI filters are intended to improve the miniaturization of interference control elements in power electronics. The realization of active EMI filters in the high voltage cable harness of vehicles, in turn, involves a lot of issues of its own, which must be addressed for a widespread use.

This work investigates the development of a new method for active interference suppression that is precisely tailored to the disturbance patterns of power electronic components in the high voltage cable harness. Using the active EMI control of an inverter as an example, the state of research with respect to active EMI filters is introduced. Based on a presented prototype, the drawbacks of the conventional realization in analog circuit technology are identified. The built prototype is used as a benchmark for the alternatively developed EMI control method.

Based on the pulsed operation of power electronic converters, a novel EMI suppression method is derived. In this method, a pulsed square-wave signal is destructively superimposed on the disturbance signal of the power converter. The compensation signal is generated by an auxiliary voltage souce and injected on the power lines by two capacitors. In order to achieve the highest possible attenuation, the compensation signal must be synchronized exactly in time to the disturbance source and their amplitudes must be matched. The so-called pulsed compensation can be built up with a two-level topology as the active circuit. The interaction of disturbance source and coupling path in power electronics can thus be used to develop a suppression method, tailored for this application. For this purpose, a model is developed which can be used to determine the necessary pulse shape, amplitude and synchronization accuracy. The achievable filter attenuation can also be calculated using the introduced model.

The theoretically developed approach is transferred to practical application using a buck converter as an example for a stationary clocked power converter. The effectiveness of pulsed compensation for disturbance suppression is demonstrated and the presented analytic model is validated. Based on stationary, but also dynamic changes in the operation point of the buck converter, an automatic synchronization method for tracking changed load situations is derived.

In addition to steady-state operation, the automatic synchronization also allows the application to dynamically clocked power converters. Using an inverter, the adaption of the method from DC/DC to DC/AC converters is introduced. Necessary adaptions in hardware and software of the pulsed compensation are scope of this section.

Finally, the pulsed compensation is compared to conventional active EMI filter methods. The analog active filter prototype, developed at the beginning of this work, is used as a benchmark for the evaluation of the new method. The results show that the pulsed compensation achieves a higher attenuation and a larger bandwidth. Compared to conventional active EMI filters, the pulsed compensation method can also significantly reduce installation space and costs of the EMI filter.

Abkürzungsverzeichnis

Abkürzung	Bedeutung
A/D Wandler	Analog zu Digital Wandler
AN	Artificial Network (engl. Netznachbildung)
AVG	Bezeichnung für den Mittelwertdetektor des Messempfängers
AVT	Aufbau- und Verbindungstechnik
CISPR	Comité international spécial des perturbations radioélectriques (franz. Internationales Sonderkomitee für Funkstörungen)
CM	Common-Mode (engl. Gleichtakt)
CMC	Common-Mode Choke (engl. Gleichtaktdrossel)
CSCI	Current Sense – Current Injection (engl. stromgesteuerte Stromunterdrückung)
CSVI	Current Sense – Voltage Injection (engl. stromgesteuerte Spannungsunterdrückung)
D/A Wandler	Digital zu Analog Wandler
DM	Differential-Mode (engl. Gegentakt)
DUT	Device Under Test (engl. Prüfling)
EMV	Elektromagnetische Verträglichkeit
ESL	Equivalent Series Inductance (engl. Äquivalente Serieninduktivität)
FB	Feedback
FEM	Finite-Elemente-Methode
FPGA	Field Programmable Gate Array
GaN	Galliumnitrid
GBP	Gain-Bandwidth-Product (engl. Verstärkungs-Bandbreite-Produkt)
HF	Hochfrequenz / hochfrequent
HS	*High-Side* MOSFET einer Halbbrücke

HV	Hochvolt (typ. Spannungen oberhalb 50 V im Fahrzeug)
HyF	Hybridfilter
IC	Integrated Circuit (engl. Integrierter Schaltkreis)
IFBW	Inter Frequency Bandwidth (engl. Zwischenfrequenzbandbreite)
IGBT	Insulated-Gate Bipolar Transistor
IL	Insertion loss (engl. Einfügedämpfung)
Kfz	Kraftfahrzeug
LISN	Line Impedance Stabilization Network (engl. Netznachbildung)
LS	*Low-Side* MOSFET einer Halbbrücke
LTI	Linear Time-Invariant (engl. Lineares, zeitinvariantes System)
LW	Langwelle (Frequenzbereich 0,15 – 0,3 MHz)
LWL	Lichtwellenleiter
MOSFET	Metal Oxid Semiconductor Field Effect Transistor (engl. Metall Oxid Halbleiter Feldeffekttransistor)
MW	Mittelwelle (Frequenzbereich 0,53 – 1,8 MHz)
NV	Niedervolt
Op-Amp	Operational Amplifier (engl. Operationsverstärker)
PAP	Programmablaufplan
PK	Pulskompensation
PWM	Puls-Weiten-Modulation
PWR	Pulswechselrichter
SiC	Siliziumkarbid
SoC	State of Charge (engl. Ladezustand)
TN	Traktionsnetz
TO247	Transistor Outline (Gehäusebezeichnung bei Halbleitern)
VNA	Vektorieller Netzwerkanalysator
VSCI	Voltage Sense – Current Injection (engl. spannungsgesteuerte Stromunterdrückung)

| VSVI | Voltage Sense – Voltage Injection
(engl. spannungsgesteuerte Spannungsunterdrückung) |

Symbolverzeichnis

Symbol	Bedeutung	Einheit
A	Bezeichnung für einen Knoten	-
A_n	n-ter Fourier-Koeffizient des *sin* - Anteils	V
B_n	n-ter Fourier-Koeffizient des *cos* - Anteils	V
C	Allgemeine Bezeichnung einer Kapazität	F
C_A	Kapazität am Knoten A gegen Masse	F
C_{Comp}	Injektionskapazität der Pulskompensation	F
C_F	Kapazität im Feedbackpfad	F
C_{Out}	Glättungskapazität am Ausgang des Tiefsetzsteller	F
C_{Par}	Stator-Streukapazität eines Motors	F
$C_{PN,U}$	Parasitäre Kapazität am Phasenabgang (PWR, Phase U)	F
$C_{TN\pm}$	Parasitäre Kapazität an den Eingangsklemmen (PWR & DC/DC Wandler)	F
C_X	X-Entstörkapazität	F
C_Y	Y-Entstörkapazität	F
C_{ZK}	Zwischenkreiskapazität eines leistungselektronischen Stellers	F
d	Duty-Cycle (festes Puls-Pausen Verhältnis)	-
f_C	Trägerfrequenz der PWM	Hz
f_g	Allgemein für Grenzfrequenz	Hz
f_{Res}	Resonanzfrequenz	Hz
f_{Sin}	Frequenz des sinusförmigen Ausgangsstroms am PWR	Hz
$f_{Takt,FPGA}$	Taktfrequenz des FPGA	Hz
$G(f)$	Übertragungsfunktion in Abhängigkeit der Frequenz	-

Symbol	Beschreibung	Einheit
$G_1(f)$	Teilübertragungsfunktion in Abhängigkeit der Frequenz	-
$G_2(f)$	Teilübertragungsfunktion in Abhängigkeit der Frequenz	-
I_{CM}	Allgemeines Formelzeichen für einen Gleichtaktstrom	A
$i_{CM,U(V,W)}(t)$	Zeitveränderlicher Gleichtaktstrom der Phase U (V,W)	A
I_{DM}	Allgemeines Formelzeichen für einen Gegentaktstrom	A
I_{Komp}	Kompensationsstrom	A
I_{Out}	Ausgangsstrom	A
$I_{Out,Max}$	Maximalwert des Ausgangsstroms	A
I_{ZHV}	Strom durch das Schaltungselement Z_{HV}	A
IL	Einfügedämpfung	dB
L	Allgemeine Bezeichnung einer Induktivität	H
$L_{Bat+/-}$	Induktivität der Batterieleitung im Komponententest	H
L_{CMC}	Induktivität einer Gleichtaktdrossel	H
L_{HV}	Induktivität der HV-Leitungen	H
L_{Inj}	Parasitäre Induktivität im Injektionszweig	H
$L_{Speicher}$	Induktivität einer Speicherdrossel	H
$L_{Zuleitung}$	Induktivität der Zuleitung zwischen Mittelpunkt der Halbbrückenschaltung und Speicherdrossel	H
L_{ZK}	Induktivität des Zwischenkreiskondensators	H
m	Modulationsgrad der Sinusmodulation (zeitvariantes Puls-Pausen Verhältnis)	-
$m_{rise/fall}$	Flankensteilheit der steigenden/fallenden Flanke	V/s
M	Koppelinduktivität zweier Wicklungen	H
n	Zählvariable	-
$P1$-$P3$	Messanschlüsse einer VNA-Messung	-
Q_1	Oberer Halbbrückenschalter der Halbbrücke U	-

Q_2	Unterer Halbbrückenschalter der Halbbrücke U	-
Q_3	Oberer Halbbrückenschalter der Halbbrücke V	-
Q_4	Unterer Halbbrückenschalter der Halbbrücke V	-
Q_5	Oberer Halbbrückenschalter der Halbbrücke W	-
Q_6	Unterer Halbbrückenschalter der Halbbrücke W	-
R	Allgemeine Bezeichnung eines Widerstands	Ω
R_D	Dämpfungswiderstand des C_Y	Ω
R_E	Externer Emitterwiderstand	Ω
R_F	Feedbackwiderstand	Ω
R_{Last}	Lastwiderstand	Ω
R_{Shunt}	Shuntwiderstand (Strommesswiderstand)	Ω
T_C	Periodendauer der PWM	s
t_{Delay}	Verzögerungszeit des PWM-Signals im FPGA	s
T_{Off}	Ende der Schaltperiode	s
t_{On}	Zeitpunkt, an dem die Spannung $\hat{U}_{CM,On}$ erreicht ist	s
t_{Sperr}	Sperrzeit zwischen High-Side und Low-Side MOS-FET einer Halbbrücke	s
t_{SVZ}	Schaltverzugszeit vom FPGA zum Leistungs-MOS-FET	s
$t_{SW,Off}$	Startzeitpunkt der fallenden Flanke von $u_{CM}(t)$	s
$t_{SW,On}$	Startzeitpunkt der steigenden Flanke von $u_{CM}(t)$	s
$t_{Transmission}$	Transmissionszeit im Signalpfad	s
$\Delta t_{falling}$	Verzögerungszeit der fallenden Flanke des Kompensationssignals	s
Δt_K	Zeitdifferenz zw. Schaltvorgang und Feedbacksignal	s
Δt_{rising}	Verzögerungszeit der steigenden Flanke des Kompensationssignals	s
Δt_{Sync}	Notwendige Zeitdifferenz zur Synchronisation	s
U_{Aux}	Allgemeine Versorgungsspannung der Pulskompensation	V

U_{CA}	Spannung über der Kapazität an Knoten A	V
U_{CM}	Gleichtaktspannung	V
U'_{CM}	Transformierte Störspannung	V
$u_{CM,U(V,W)}(t)$	Zeitveränderliche Gleichtaktspannung der Phase U (V,W)	V
U_{DC}	Versorgungsspannung	V
$U_{DC,CM}$	Gleichtaktspannung an den Zwischenkreisklemmen	V
U_{Dr}	Dreieckspannung zur Erzeugung der PWM-Signale	V
$U_{Feedback}$	Spannungssignal vom Feedbackabgriff am dyn. Knoten	V
U_{FPGA}	Schaltsignal am FPGA-Pin	V
$U_{GS,HS/LS}$	Gate-Source Spannung vom High-Side bzw. Low-Side MOSFET	V
U_{Komp}	Kompensationsspannung	V
U_{Nom}	Nominalwert der Spannung	V
U_{Out}	Ausgangsspannung	V
U_{Res}	Residualspannung	V
$U_{Senke,mF}$	Störspannung über der Senke mit Filter	V
$U_{Senke,oF}$	Störspannung über der Senke ohne Filter	V
$U_{St,HS,U}$	Steuersignal für den High-Side MOSFET der Halbbrücke U	V
$U_{St,LS,U}$	Steuersignal für den Low-Side MOSFET der Halbbrücke U	V
$U_{St,U(V,W)}$	Sinusförmige Steuerspannung der Phase U (V,W)	V
$U_{U(V,W)}$	Ausgangsspannung Phase U (V,W) gegenüber dem Massetisch	V
U_Y	Sternspannung	V
U_{ZHV}	Spannung über dem Schaltungselement Z_{HV}	V
v	Verstärkungsfaktor	-
X_0	Fourier-Koeffizient des Gleichanteils	V

X_n	Betrag des n-ten Fourier-Koeffizient	V
Z	Allgemeine Bezeichnung einer Impedanz	Ω
Z_{Filter}	Impedanz eines Filterelements	Ω
Z_{HV}	Eingangsimpedanz des HV-Bordnetz	Ω
Z_{PWR}	Eingangsimpedanz des Pulswechselrichter	Ω
Z_{Quelle}	Quellenimpedanz	Ω
Z_{Senke}	Senkenimpedanz	Ω
ε_r	Relative Permittivität	-
φ_n	Phase des n-ten Fourier-Koeffizient	°

1   Einleitung

1.1   Motivation und Hintergrund

In den letzten Jahren haben sowohl die Produktpalette als auch die Kaufbereitschaft für Hybrid- und Elektrofahrzeuge stark zugenommen. Die fortschreitende Elektrifizierung des Antriebsstrangs im Fahrzeug stellt dabei eine der großen Herausforderungen der Elektromagnetischen Verträglichkeit im Fahrzeugbordnetz dar [1]. Die Zunahme von Radiofunkdiensten [1], Komfortfunktionen und das autonome Fahren erfordern ein striktes Einhalten der gesetzlich vorgegebenen Grenzwerte der Funkstöremissionen [2]. Gleichzeitig sind im Fahrzeug strenge Bauraumrestriktionen der Komponenten einzuhalten [1], weshalb der Bauraumbedarf der notwendigen Entstörmaßnahmen auf ein Minimum beschränkt werden sollte.

Im Bereich der Hochvoltantriebe von Elektrofahrzeugen wird der Antriebsstrang über einen eigenen HV[1]-Kabelbaum separiert vom 12 V-Bordnetz versorgt [3]. Aufgrund der steigenden Anzahl an Komponenten, die über den HV-Kabelbaum versorgt werden [4], nehmen auch hier die Anforderungen in Bezug auf die leitungsgeführten Störemissionen zu. Um diesem Trend Rechnung zu tragen, wurde in der aktuellen Fassung der CISPR 25 die Störaussendung von Komponenten im HV-Kabelbaum normativ limitiert [2].

Für die Akzeptanz der Elektromobilität spielt unter anderem die Reichweite der Fahrzeuge eine entscheidende Rolle. Daher liegt ein Fokus der Entwicklung von Komponenten im HV-Kabelbaum, wie dem Pulswechselrichter, in der Steigerung der Effizienz der Leistungselektronik. Wide-Bandgap Leistungshalbleiter, wie SiC[2] und GaN[3], ermöglichen diese Effizienzsteigerung bei gleichzeitiger Verringerung des Bauraums der Komponenten [5]. Zudem ermöglichen SiC und GaN Halbleiter deutlich höhere Bordnetzspannungen von bis zu 900 V_{DC} [6].

Als Nachteil bringt diese Entwicklung in der Leistungselektronik jedoch deutlich höhere Störpegel mit sich [5]. In heutigen leistungselektronischen Komponenten macht daher der Platzbedarf des EMV-Filters ca. 10 – 30 % am Volumen der Gesamtkomponente aus [7]. Im Bereich der Industrieelektronik kann der Platzbedarf

---

[1] HV: Hochvolt

[2] SiC: Siliziumkarbid

[3] GaN: Galliumnitrid

des EMV-Filters beispielsweise für Frequenzumrichter auch bis zu 50 % betragen [8]. Um die Leistungsdichte der Komponenten zu erhöhen, bietet der EMV-Filter somit ein großes Optimierungspotential.

Um dieses Verbesserungspotential auszuschöpfen, haben sich diverse Arbeiten mit der Optimierung des Bauraums von konventionellen, passiven EMV-Filtern beschäftigt [9]–[11]. In Verbindung mit geeigneten Simulationsmodellen können mit den vorgestellten Optimierungsmethoden während des Entwicklungsprozesses schnell geeignete Filtermaßnahmen gefunden werden [10]. Bedingt durch die passiven Bauteile, wie Kondensatoren und Induktivitäten, wird ab einem bestimmten Punkt der Optimierung ein Limit der Miniaturisierung erreicht. Aufgrund der hohen, geforderten Stromtragfähigkeit, gerade beim PWR[4], können induktive Bauelemente bei einer bestimmten zu erbringenden Einfügedämpfung insbesondere bei niedrigen Frequenzen nicht weiter reduziert werden.

Für eine weitere Miniaturisierung des Filterbauraums können, über Optimierungsmaßnahmen hinaus, aktive EMV-Filter eingesetzt werden. In [3] konnte das Potential eines aktiven Filters gegenüber einem konventionellen Filter, zur Entstörung eines Kfz[5]-PWR, auf 50 – 70 % hinsichtlich Kosten, Bauraum und Gewicht beziffert werden. Aktive EMV-Filter können daher einen wichtigen Baustein in der Steigerung der Leistungsdichte von Komponenten bei gleichzeitiger Gewichtsreduzierung und damit der Erhöhung der Reichweite von Elektrofahrzeugen darstellen.

1.2 Thema und Zielsetzung

Aktive EMV-Filter stellen seit geraumer Zeit einen Schwerpunkt im Forschungsbereich der EMV-Entstörung dar. Schon Ende der 1980er Jahre wurden erste Untersuchungen auf diesem Gebiet publiziert [12], [13]. Im Lauf der Jahre wurden Methoden, wie aktive EMV-Filter in Analog- und Digitaltechnik, tiefgreifend untersucht. Eine ausführliche Darstellung des aktuellen Forschungsstands zum Thema der aktiven Entstörung von Leistungselektronik findet sich in Kapitel 2.4. Bisher konnten sich aktive und hybride Kombinationen mit passiven Filterstufen trotz der offensichtlichen Vorteile hinsichtlich des Bauraums und Gewichts, in der praktischen Anwendung nicht durchsetzen.

Als Gründe werden einige der Nachteile konventioneller Realisierungen, wie hohe Kosten bzw. mäßige Störfestigkeit, im Folgenden näher benannt. Die aktiven Bauteile in analogen Realisierungen verursachen oft hohe Kosten [14], [15], die den

---

[4] PWR: Pulswechselrichter
[5] Kfz: Kraftfahrzeug

Vorteil im benötigten Bauraum aufwiegen. Auch bei digitalen Realisierungen, die durch die einfache Integration in die vorhandene Konverteransteuerung Vorteile bei der Umsetzung bieten, stellen schnelle und präzise Analog-Digital Wandler den größten Kostenpunkt und damit einen gravierenden Nachteil dar [16]. Zudem erschweren die Anforderungen an die Störfestigkeit eine Umsetzung aktiver Filter in der Praxis. Daher ist die Störfestigkeit zunehmend in den Fokus der Literatur gerückt [17], [18]. Durch zusätzliche Beschaltung mit Überspannungsschutzelementen ist unter Inkaufnahme geringer Einbußen der Filterperformance eine ausreichende Störfestigkeit realisierbar.

Neben den Kosten und der Störfestigkeit stellen die steigenden Bordnetzspannungen ebenfalls eine zunehmende Herausforderung für den Anwendungsbereich aktiver Filter in Analogtechnik dar. Aufgrund der physikalischen Limitierungen der analogen Bauelemente, wie die maximale Versorgungsspannung bzw. deren Ausgangsstrom, sind Realisierungen in höheren Leistungsklassen und Spannungsebenen nur mit viel Aufwand bzw. gar nicht möglich. Dies spiegelt sich auch in bisherigen Anwendungen wieder, die Zwischenkreisspannungen von etwa 450 V_{DC} [19] und Konverterleistungen von einigen 10 kW [20] abdecken. Bei aktiven Filtern höherer Spannungen und Leistungen, wie [6], [21], kommen keine analogen Realisierungen mehr zum Einsatz. Durch die Limitierung der C_Y-Kapazität, zum Schutz vor unzulässig hohen Berührströmen, werden im Gleichtaktfilter große Induktivitäten verbaut [20], [22]. Steigende Bordnetzspannungen verschärfen die Limitierung der zulässigen C_Y-Kapazitäten noch weiter. Dies wirkt sich stark negativ auf den Filterbauraum aus, weshalb die Reduzierung des Bauraums des Gleichtaktfilters im Vordergrund der Arbeit steht.

Um die hohen Bauteilkosten zu senken, wurden weitere Realisierungen aktiver Systeme zur Störunterdrückung entwickelt. Bspw. kann durch Verwendung eines vier-level Brückenzweigs die Gleichtaktspannung am Ausgang eines Wechselrichters unterdrückt werden [23]. Alternativ lässt sich durch Ergänzung des gesamten Leistungsmoduls um einen zweiten dreiphasigen Halbbrückenzweig die Gleichtaktspannung am Phasenabgang ebenfalls reduzieren [6]. Diese und weitere Ansätze beziehen die Informationen zum genauen Auftreten der Störpulse, die durch die bekannten Schaltmuster in der Ansteuerung vorliegen, in das Entstörkonzept mit ein. Der Aufbau von kosteneffizienten Schaltungen zur Kompensation von EMV-Störungen im Frequenzbereich bis 3 MHz wird damit ermöglicht [6].

Basierend auf den Schaltinformationen der zugehörigen Leistungselektronik wurde in [22] ein vielversprechender Ansatz zur aktiven Entstörung mit Hilfe der

Gate-Treiber einer Vollbrückenschaltung entworfen. Dabei wurden die Gate-Signale der MOSFETs[6] zusätzlich über ein LC-Netzwerk auf die Ausgangsleitungen der Vollbrücke eingekoppelt. Somit konnte eine Dämpfung von 10 – 20 dB im Frequenzbereich bis 1 MHz erreicht werden. Aufgrund der hardwaretechnischen Realisierung lässt sich diese Methode jedoch nicht auf beliebige leistungselektronische Schaltungen anwenden.

Aus den aufgeführten Nachteilen konventioneller aktiver Filter und den Alternativen für weitere Ansätze zur aktiven Störunterdrückung lassen sich die Ziele dieser Arbeit ableiten. Es soll auf Basis der bereits publizierten Ansätze zur Störunterdrückung durch Verwendung der Schaltinformationen zur Erzeugung von Kompensationspulsen [21]–[23] ein allgemeines Verfahren zur Gleichtaktentstörung von leistungselektronischen Wandlern entwickelt werden. Als praktische Applikationen werden ein Tiefsetzsteller sowie ein PWR im Umfeld der Elektromobilität betrachtet. Das entwickelte Verfahren zur aktiven Unterdrückung von Gleichtaktstörungen soll den Bauteilaufwand und die damit verbundenen Kosten im Vergleich zu konventionellen, analogen aktiven Filtern reduzieren, um eine Industrialisierung aktiver Filter zu vereinfachen. Ergänzend hierzu liegt der erweiterte Fokus der Arbeit auf einer einfachen Skalierung der Methode für unterschiedliche Bordnetzspannungen, Konverterleistungen und Konvertertypen im Fahrzeug.

Der in dieser Arbeit betrachtete Anwendungsbereich beschränkt sich auf leitungsgeführte Störanteile. Die Dämpfung von feldgebundenen Emissionen hängt maßgeblich mit dem Schirmungskonzept der Leistungselektronik bzw. des Kabelbaums der Komponente zusammen [24]. Dies lässt sich in einem prototypischen Laboraufbau nur wenig aussagekräftig in eine praktische Anwendung umsetzen. Für die entworfene Methode zur aktiven Gleichtaktentstörung wird ein analytischer Beschreibungsansatz vorgestellt, der zur späteren Auslegung bei verschiedenen Anwendungen eingesetzt werden kann. Der realisierte Prototyp soll sowohl im Fall des Tiefsetzstellers als auch des PWRs keine Einschränkungen hinsichtlich bestimmter Betriebspunkte der Leistungselektronik aufweisen. Somit soll ein späterer Transfer in eine kommerzielle Nutzung nicht nur durch eine einfache Hardwarerealisierung, sondern auch durch ein breites Anwendungsfeld möglichst vereinfacht werden.

1.3   Struktur der Arbeit

Die notwendigen Grundlagen zur normgerechten Störemissionsmessung, der aktuelle Stand der Technik sowie der aktuelle Stand der Forschung hinsichtlich

---

[6] MOSFET: Metal Oxid Semiconductor Field Effect Transistor

EMV-Filter sind in Kapitel 2 dargestellt. Darüber hinaus werden die Ursachen der leitungsgeführten Emissionen und die vorliegenden Koppelpfade in den zwei verwendeten Anwendungsbeispielen, einem Tiefsetzsteller als DC/DC Wandler und einem PWR, analysiert.

Der Stand der Forschung, hinsichtlich aktiver Filter in konventioneller Analogtechnik, wird in Kapitel 3 an einem PWR für ein Elektrofahrzeug exemplarisch aufgezeigt. Der dabei entwickelte Hybridfilter wird im weiteren Verlauf der Arbeit als Vergleichsmaßstab für die Bewertung weiterer Methoden verwendet.

Ausgehend von den Grundlagen zu Störquelle und Koppelpfad aus Kapitel 2, wird in Kapitel 4 eine neuartige Methode zur Störunterdrückung, die sogenannte Pulskompensation, hergeleitet und analytisch beschrieben. Der Fokus der entwickelten, analytischen Modelle liegt dabei auf der Auslegung der Pulskompensation und der Vorhersage der erreichbaren Filterdämpfung. Die Ergebnisse aus Kapitel 4 sollen einen Leitfaden zum Design eines solchen Systems zur Störunterdrückung für weitere leistungselektronische Komponenten darstellen.

Die gewonnenen Erkenntnisse aus Kapitel 4 werden anhand eines Tiefsetzstellers in Kapitel 5 ausführlich betrachtet. Dabei steht sowohl die Umsetzung der Pulskompensation in Hardware, als auch die Validierung der erstellten Modelle im Vordergrund. Anhand verschiedener Betriebspunkte werden dynamische Anpassungen der Kompensationsmethode an das variierende Schaltverhalten im Betrieb demonstriert.

Basierend auf den Grundlagen der Pulskompensation unter dynamischem Konverterbetrieb aus Kapitel 5 wird eine Erweiterung der Methode auf dreiphasige PWR abgeleitet. Kapitel 6 analysiert hierfür zu Beginn das Schaltverhalten eines PWRs unter verschiedenen Betriebspunkten. Daraus kann sowohl die notwendige Hardwareanpassung, als auch das erforderliche Schalt- und Synchronisationsmuster der Kompensationspulse abgeleitet werden. Die Tauglichkeit der Methode wird anschließend anhand von Emissionsmessungen unter exemplarischen Betriebspunkten demonstriert.

Anhand des in Kapitel 3 vorgestellten, aktiven Filters in konventioneller Analogtechnik, werden die erreichten Fortschritte durch die Pulskompensation im Fall des PWRs in Kapitel 7 analysiert. Eine Zusammenfassung der Arbeit und die Bewertung der Ergebnisse wird abschließend in Kapitel 8 gegeben.

2 Grundlagen

Im ersten Teil des folgenden Kapitels wird das verwendete Störemissionsmess-verfahren nach der zugrunde liegenden Norm CISPR[7] 25 beschrieben. Darauf aufbauend wird das Störmodell für die untersuchten, leistungselektronischen Komponenten hergeleitet. Im zweiten Teil werden sowohl der Stand der Technik, als auch der Stand der Forschung von Entstörkonzepten, vordergründig von EMV-Filtern, aufgezeigt. Ausgehend von diesem Punkt kann der Forschungsbe-darf abgeleitet werden.

2.1 Komponententest nach CISPR 25

Die unzulässige Beeinflussung von Empfängern durch beliebige Störquellen wird mit der Einhaltung von Emissionsgrenzwerten für elektronische Geräte bzw. Kom-ponenten weitestgehend verhindert. Die Einhaltung von Grenzwerten zur Stör-aussendung von elektronischen Geräten stellt, im Zusammenspiel mit deren aus-reichender Störfestigkeit, einen Betrieb in der elektromagnetischen Umgebung si-cher [25].

Der gesetzliche Rahmen im Bereich von Fahrzeugen wird über die Norm CISPR 25 gesetzt. Die CISPR 25 behandelt „Grenzwerte und Messverfahren für den Schutz von an Bord befindlichen Empfängern" [2], unter anderem in Fahrzeu-gen. Darüber hinaus existieren von den Fahrzeugherstellern aufgelegte „Haus-normen", welche die Prüfungen der CISPR 25 erweitern bzw. verschärfen, um eine ausreichende Produktsicherheit gewährleisten zu können.

Damit die EMV des Fahrzeugs beherrschbar bleibt, wird neben der Gesamtfahr-zeugmessung, die am Ende der Produktentwicklung steht, eine Komponenten-messung der einzelnen Bauteile gefordert. Dabei wird ein Gesamtsystem in Sub-systeme, Komponenten und Funktionsmodule unterteilt und diese werden jeweils einzeln hinsichtlich ihrer EMV bewertet [26]. Im Fall des elektrischen Antriebs-strangs stellt dieser ein Subsystem des Fahrzeugs dar. Dieses Subsystem kann wiederum in Komponenten wie den PWR unterteilt werden kann. Der PWR selbst kann in einzelne Funktionsmodule, wie bspw. den Leistungsteil, unterteilt und diese Module hinsichtlich ihrer EMV optimiert werden. Die nachfolgenden Unter-suchungen beziehen sich auf die Komponente in ihrer Gesamtheit. Eine Optimie-rung der EMV einzelner Module soll in diesem Stadium nicht mehr stattfinden. Aufgrund der begrenzten Möglichkeiten in Labor kann auch eine Integration ins

---

[7] CISPR: Comité international spécial des perturbations radioélectriques

Gesamtfahrzeug im Rahmen der Arbeit nicht ohne Weiteres betrachtet werden. Die gewonnenen Erkenntnisse der Arbeit spiegeln daher das Verhalten der Komponente im Komponententest wider und sollten gesondert im Gesamtfahrzeug validiert werden.

Zur Bewertung der im Rahmen dieser Arbeit untersuchten Entstörkonzepte lehnen sich die Versuchsaufbauten an die spezifizierten „Messverfahren für geschirmte Stromversorgungssysteme mit hoher Spannung in Elektro- und Hybridfahrzeugen" [2] an. Da der Fokus der Arbeit auf Entstörkonzepten leitungsgebundener Art im LW[8] und MW[9] Bereich liegt, wird im Weiteren speziell der Prüfaufbau für leitungsgeführte Störaussendung von HV-Komponenten erläutert.

Im Fall der Messung der leitungsgeführten Störaussendung genügt ein Prüfplatz innerhalb einer geschirmten Umgebung. Die entwickelten Entstörkonzepte werden hinsichtlich ihrer Einfügedämpfung im HV-Kabelbaum charakterisiert. Infolgedessen wird im vorgestellten Prüfaufbau die Behandlung des NV[10]-Kabelbaums der Einfachheit halber nicht berücksichtigt. Der angepasste Aufbau zum Komponententest ist in Abbildung 2.1 skizziert. Der Prüfkabelbaum wird auf einem Tisch mit geerdeter Metallplatte positioniert. Dabei sind der Kabelbaum, der Prüfling (DUT[11]) und die Last (Load) auf einer 50 mm starken Platte aus extrudiertem Polystyrol zur Isolation aufgebaut. Sowohl der Prüfling als auch die Last werden an einem definierten Punkt mit der Tischmasse verbunden. Die Versorgung des Prüflings erfolgt über eine DC-Spannungsquelle (HVDC-Quelle), welche durch Netznachbildungen (engl. LISN[12] / AN[13]) vom Prüflingskreis entkoppelt ist. Gleichzeitig dient die LISN zur Bereitstellung eines Messabgriffs für die leitungsgeführte Störspannungsmessung.

---

[8] LW: Langwelle (Frequenzbereich 0,15 – 0,3 MHz)
[9] MW: Mittelwelle (Frequenzbereich 0,53 – 1,8 MHz)
[10] NV: Niedervolt
[11] DUT: Device under test (engl. Prüfling)
[12] LISN: Line Impedance Stabilization Network (engl. Netznachbildung)
[13] AN: Artificial Network (engl. Netznachbildung)

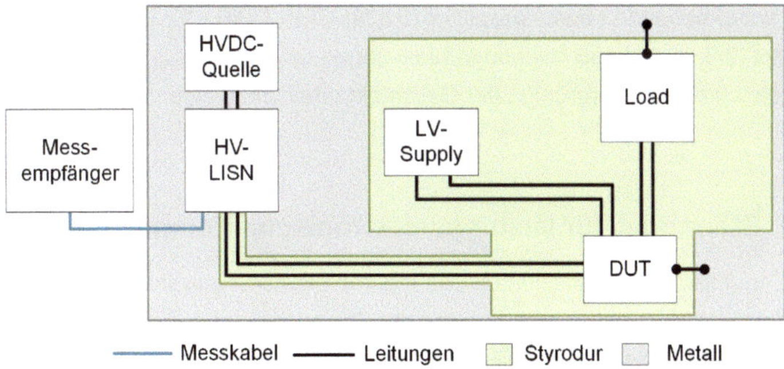

Abbildung 2.1: Aufbau zur Messung leitungsgeführter Störungen von Hochvoltkomponenten, angepasster Aufbau in Anlehnung an die CISPR 25

In der Arbeit werden zur Validierung der entwickelten Systeme zwei leistungselektronische Steller als Prüflinge untersucht, ein DC/DC Wandler und ein Pulswechselrichter. Die beiden Prüflinge unterscheiden sich daher im Aufbau ihres Lastkreises. Der DC/DC Wandler mit externer Speicherinduktivität $L_{Speicher}$ (Abbildung 2.2a) wird mit einer ohmschen Last R_L betrieben, deren Rückstrompfad über die HV-Leitung erfolgt. Das Gehäuse des Lastwiderstands wird in diesem Aufbau nicht mit der Tischmasse verbunden. Die Führung der HV-Leitungen erfolgt weitgehend identisch zum Referenzaufbau in Abbildung 2.1. Für den PWR (Abbildung 2.2b) wird eine dreiphasige, induktive Lastmaschinennachbildung aus [5] als Last verwendet. Um den Gleichtaktpfad über die Lastmaschinennachbildung zu schließen, muss deren Gehäuse mit der Tischmasse verbunden werden.

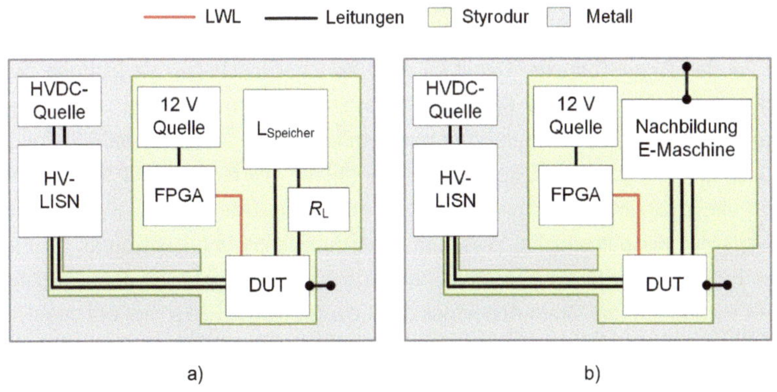

Abbildung 2.2: Prüflingsaufbau mit Lastkreis, a) Tiefsetzsteller, b) PWR

Die Bewertung der leitungsgeführten Störaussendung erfolgt in Übereinstimmung mit der CISPR 25 nach dem Spannungsmessverfahren an den LISNs. Da der Fokus der Arbeit auf der aktiven Gleichtaktentstörung liegt, werden die Störmoden über entsprechende Leistungssplitter (0 ° für CM[14] / 180 ° für DM[15]) getrennt betrachtet [27]. In den nachfolgenden Messungen der Störemissionen im Frequenzbereich werden vordergründig der Gleichtaktanteil und dessen Dämpfung bewertet.

2.2   Störmodell für leistungselektronische Komponenten

Die Entwicklung einer effizienten Lösung zur Entstörung leistungselektronischer Komponenten beginnt bei der Analyse der Störquelle und des Koppelpfads. Dazu wird das Störmodell der jeweiligen Komponente betrachtet. Im Folgenden wird sowohl für den DC/DC Wandler in Form einer Tiefsetzsteller-Topologie, als auch für den PWR ein detailliertes Störmodell vorgestellt. Die Modellierung des Störpfads wird weitgehend aus einer vorangegangenen Arbeit [5] übernommen. Der Aufbau des Tiefsetzstellers erfolgt auf derselben Hardware wie der PWR, was eine Abwandlung und Erweiterung des Störmodells aus [5] mit ausreichender Genauigkeit erlaubt.

Um das Ersatzschaltbild für den Gleichtakt zu erläutern, spielen die parasitären Kapazitäten der Leistungselektronik eine entscheidende Rolle. Diese parasitären Kapazitäten im Aufbau bilden den Hauptkoppelpfad. Im Fall des PWRs lässt sich der Koppelpfad in zwei Anteile aufteilen, den PWR selbst mit dem Leistungsmodul und die Koppelpfade innerhalb der Maschine. Die Darstellung eines Schnitts durch die MOSFETs einer Halbbrücke zeigt Abbildung 2.3a stark vereinfacht. Für den Fall eines MOSFETs in einem Standardgehäuse, wie bspw. dem TO-247 Gehäuse, ist die metallische Rückseite mit dem Drain- oder Source-Kontakt verbunden. Für die verwendeten MOSFETs liegt die metallische Rückseite auf dem Potential des Drain-Kontakts. Damit es nicht zu einer leitfähigen Verbindung zwischen dem Potential des Drain-Anschlusses und dem geerdeten Kühlkörper kommt, wird eine Isolation in Form einer Keramikplatte zwischen MOSFET und Kühlkörper eingebracht. Damit die Wärmeabfuhr ausreichend gut funktioniert, wird die Isolationsschicht möglichst dünn ausgelegt. Das begünstigt die Ausbildung einer Koppelkapazität zwischen Drain-Anschluss und Kühlkörper. Im Fall des PWRs ist der Drain-Anschluss des High-Side MOSFETs mit dem Potential HV+ verbunden, der Drain-Anschluss des Low-Side MOSFETs liegt auf dem Potential des Phasenabgangs. Diese beiden Kapazitäten stellen den ersten Teil des Koppelpfads dar. Zusätzlich zu den Kapazitäten C_{TN+} und $C_{PN,U}$ existieren kapa-

---

14 CM: Common Mode (engl. Gleichtakt)
15 DM: Differential Mode (engl. Gegentakt)

zitive Kopplungen der Leiterbahnen auf der Leiterplatte gegenüber den Masseflächen. Diese kapazitiven Anteile addieren sich zu den Kapazitäten der MOSFETs hinzu.

Der Koppelpfad des Tiefsetzstellers lässt sich auf die Kapazitäten innerhalb des Leistungsteils eingrenzen. Aufgrund der großen Speicherinduktivität, die beim Tiefsetzsteller zwischen schaltendem MOSFET und der Last positioniert ist, wird der Einfluss kapazitiver Kopplungen innerhalb der Last auf den Koppelpfad stark gedämpft.

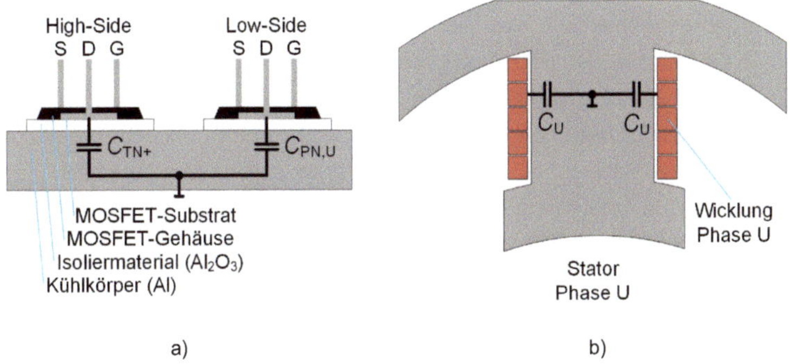

Abbildung 2.3: Kapazitive Koppelelemente beim PWR; a) Schnittbild einer Halbbrücke durch die MOSFETs, b) Schematische Darstellung eines Ausschnitts der Statorwicklung

Neben den Kopplungen im Leistungsmodul des PWRs haben die Kopplungen innerhalb der elektrischen Maschine einen großen Anteil am Koppelpfad der Gleichtaktstörung. Zur Erläuterung der Herkunft dieser kapazitiven Kopplung ist in Abbildung 2.3b ein Ausschnitt der Statorwicklung einer elektrischen Maschine dargestellt. Dort bilden sich zwischen isolierter Wicklung und geerdetem Blechpaket des Stators ebenfalls Koppelkapazitäten für jede Phase aus. Im Fall des verwendeten PWRs überwiegt der Anteil der Koppelkapazität der Maschine den des Leistungsmoduls um ein Vielfaches. Für industriell gefertigte Leistungsmodule ist die kapazitive Kopplung im Leistungsmodul jedoch erheblich größer und stellt somit einen signifikanten Beitrag zum Koppelpfad dar [5]. Die Störmodelle von PWR und Tiefsetzsteller, die im Folgenden hergeleitet werden, beziehen sich vor allem auf den Laboraufbau. Bei Verwendung eines kommerziellen Leistungsmoduls muss die Betrachtung der Koppelpfade für das jeweilige Modul angepasst werden.

2.2.1 Störmodell des Pulswechselrichters

Zur Ansteuerung der elektrischen Maschine im Fahrzeug wird ein PWR eingesetzt. Dieser bildet über drei Halbbrückenschaltungen aus der DC-Spannung am

Eingang ein dreiphasiges Wechselspannungssystem am Ausgang. Störquelle und Koppelpfad lassen sich anhand des Ersatzschaltbilds des PWRs mit den auftretenden, parasitären Koppelkapazitäten in Abbildung 2.4 beschreiben. Der PWR besteht aus drei Halbbrücken mit je zwei MOSFETs Q_1-Q_6. Der Zwischenkreiskondensator C_{ZK} ist um eine parasitäre Serieninduktivität (ESL[16]) L_{ZK} ergänzt. Diese spielt vor allem für die Gegentaktstörung eine entscheidende Rolle [5]. An den Eingangsklemmen des PWRs summieren sich die parasitären Kapazitäten der Halbbrücken zu C_{TN+} auf, die Leiterbahnen des Leistungsmoduls erzeugen die Kapazität C_{TN-}. Aufgrund der unterschiedlichen Entstehung sind diese Kapazitäten nicht symmetrisch, was eine Ursache für Gleich-Gegentakt-Kopplung im Aufbau darstellt. An den Phasenabgängen finden sich im Ersatzschaltbild die kapazitiven Anteile der Low-Side MOSFETs der Halbbrücken. Die kapazitive Kopplung innerhalb der Maschine ist über die Kapazitäten C_{Par} angedeutet, die bauformbedingt bei Motoren, auf die Phasen bezogen, symmetrisch ausfallen [5]. Je nach Länge und Ausführung der Anschlussleitungen der Maschine befindet sich im Ausgangspfad noch eine zusätzliche Induktivität der Motorzuleitung.

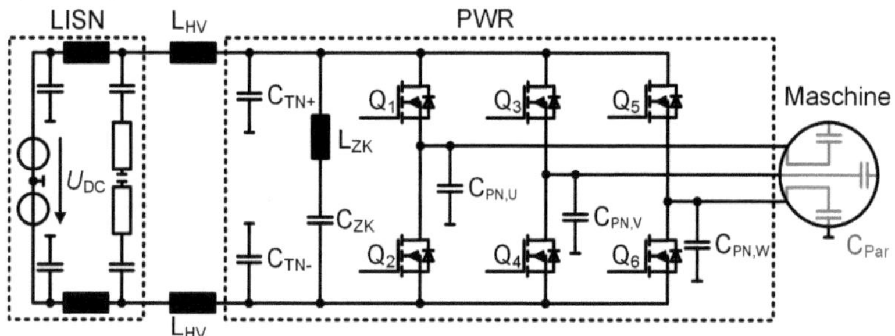

Abbildung 2.4: Ersatzschaltbild des PWR mit parasitären Koppelkapazitäten

Der näherungsweise sinusförmige Ausgangsstrom wird durch einen getakteten Betrieb der MOSFETs eingestellt. Die notwendigen Ansteuersignale können dabei auf verschiedenen Wegen erzeugt werden, bspw. mittels Raumzeigermodulation [28] oder Sinus-Dreieck Modulation [29]. Hinsichtlich der leitungsgeführten Gleichtaktemission unterscheiden sich die beiden Modulationsverfahren nicht [5], daher wird in der Arbeit das Verfahren der Sinus-Dreieck Modulation zur Erzeugung der Schaltbefehle verwendet. Die gesamte Signalerzeugung der Leistungselektronik erfolgt auf einer FPGA[17]-Plattform. Abbildung 2.5 zeigt die für den Sinus-Dreieck Vergleich notwendigen, internen Steuersignale des FPGAs für einen

---

[16] ESL: Equivalent Series Inductance (engl. Äquivalente Serieninduktivität)
[17] FPGA: Field Programmable Gate Array

Modulationsgrad von $m = 0,3$. Dies bedeutet, dass der sinusförmige Ausgangsstrom eine Amplitude von 0,3 $I_{Out,Max}$ hat. Die Sinussignale der drei Phasen sind
jeweils um 120° phasenverschoben zueinander.

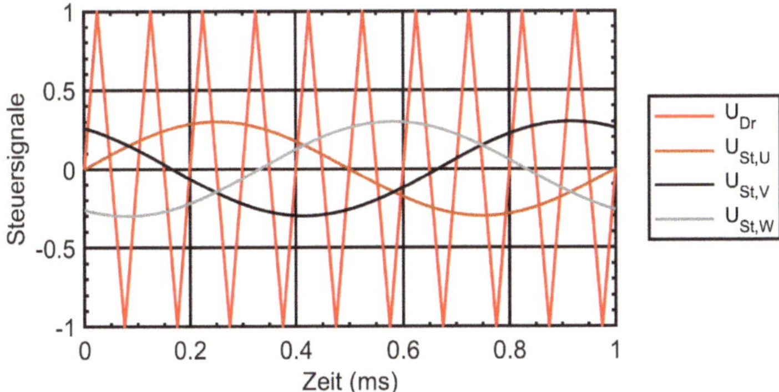

Abbildung 2.5: Signalschema zur Erzeugung der Ansteuersignale der Halbleiter mit einem Modulationsgrad von $m = 0,3$

Die Generierung der Schaltsignale für den High-Side bzw. Low-Side MOSFET
der jeweiligen Halbbrücke erfolgt durch einen Vergleich von einem Dreiecksignal
mit dem korrespondierenden Sinussignal nach Gleichung (2-1) bzw. (2-2).

$$U_{St,HS,U} = 1, \text{ wenn } U_{St,U} > U_{Dr} \qquad (2\text{-}1)$$

$$U_{St,LS,U} = 1, \text{ wenn } U_{St,U} < U_{Dr} \qquad (2\text{-}2)$$

Die Steuerspannung $U_{ST,HS,U} = 1$ entspricht einer logischen „1" am Ausgang des
FPGAs. Sind die Bedingungen nach (2-1) bzw. (2-2) nicht erfüllt, wird eine logi-
sche „0" ausgegeben. Die Ansteuersignale von High-Side und Low-Side MOS-
FET wechseln ihren Zustand anhand der gegebenen Schaltlogik zeitgleich.
Daraus entsteht zeitweise ein Kurzschlusspfad der DC-Versorgung über die Halb-
brücke, was im besten Fall zu sehr hohen Schaltverlusten oder im schlechtesten
Fall zur Zerstörung der Halbleiterbauelemente führt. Daher muss eines der beiden
Schaltsignale jeweils um die sogenannte Sperrzeit t_{Sperr} verzögert ausgegeben
werden. Die realisierte Implementierung der PWM[18]-Signalerzeugung verzögert
den Zustandswechsel von „0" nach „1" um t_{Sperr} und führt den komplementären
Wechsel unverzögert aus. Somit ist eine identische Verringerung der Pulsdauer
sowohl von High-Side als auch Low-Side Schalter sichergestellt.

---

[18] PWM: Pulsweitenmodulation

Der Vergleich zwischen gepulster Ausgangsspannung U_{Out} und dem Ausgangsstrom I_{Out} der Phase U für $m = 0{,}3$ findet sich in Abbildung 2.6. U_{Out} wechselt gepulst zwischen der positiven und negativen Versorgungsspannung U_{DC}. Die Pulsbreite variiert dabei entsprechend der PWM über einer Periode des Ausgangsstroms. I_{Out} ist in Relation zur maximalen Amplitude bei $m = 1$ aufgetragen. Im Stromverlauf sind die einzelnen Schaltvorgänge zwar noch enthalten, die Induktivität der Ausgangslast glättet den Stromverlauf jedoch deutlich, weshalb der sinusförmige Verlauf gut erkennbar ist.

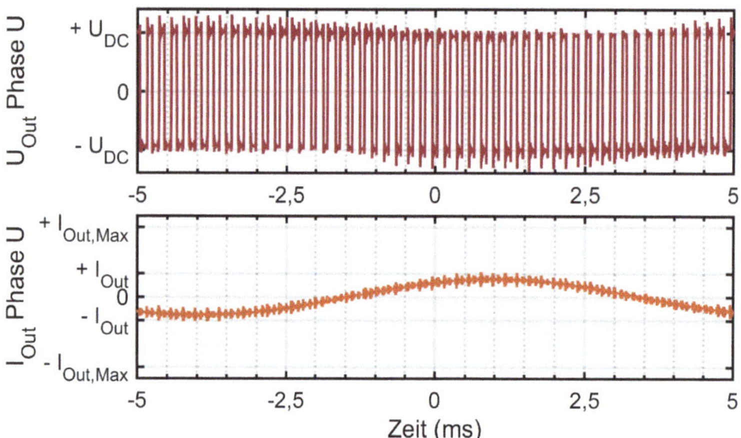

Abbildung 2.6: Zusammenhang zwischen Ausgangsstrom und gepulster Phasenspannung der Phase U des PWR bei $m = 0{,}3$

Für die Generierung des Gleichtaktstroms stellt die Spannungsflanke am Phasenabgang U_{Out} die Störanregung dar. U_{Out} ruft über den parasitären Kapazitäten am Phasenabgang einen Verschiebungsstrom hervor. Wird die Leitungsinduktivität zwischen Phasenabgang und Maschine nicht berücksichtigt, ergibt sich dieser Verschiebungsstrom $i_{CM,U}(t)$ für die Phase U vereinfacht zu

$$i_{CM,U}(t) = (C_U + C_{Par,U}) \cdot \frac{du_{Out,U}(t)}{dt} \tag{2-3}$$

Dabei stellt C_U die parasitäre Kapazität des Halbleitermoduls nach Abbildung 2.3a und $C_{Par,U}$ den Anteil der Ableitkapazität der Maschine für die Phase U nach Abbildung 2.3b dar. Wird die Zuleitungsinduktivität der Maschine berücksichtigt, unterscheiden sich die Spannungsgradienten an C_U und $C_{Par,U}$, wodurch Gleichung (2-3) für beide Kapazitäten getrennt aufgestellt werden muss.

Das Ersatzschaltbild des PWR ist in Abbildung 2.7 um den Strompfad von $I_{CM,U}$ ergänzt. I_{Out} und U_{Out} sind für die Phase U zusätzlich eingepfeilt. Über die genannten Kapazitäten C_U und $C_{Par,U}$ breitet sich der Strom auf der Referenzmasse aus und schließt sich über die LISNs bzw. die parasitären Kapazitäten $C_{TN\pm}$ auf Seite des DC-Eingangs.

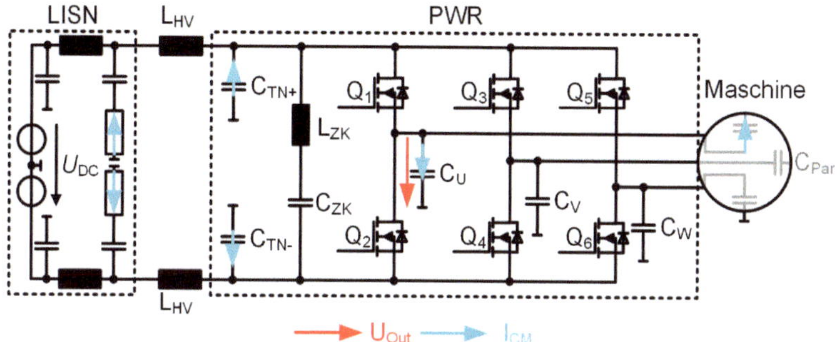

Abbildung 2.7: Ausbreitung der Gleichtaktstörströme innerhalb des Komponentenaufbaus des PWR für die Phase U

Der gesamte Gleichtaktstrom im System ergibt sich als Superposition der drei Störströme der einzelnen Phasen nach Gleichung (2-4).

$$i_{CM,Ges}(t) = i_{CM,U}(t) + i_{CM,V}(t) + i_{CM,W}(t) \qquad (2\text{-}4)$$

$i_{CM,V}(t)$ und $i_{CM,W}(t)$ ergeben sich nach Gleichung (2-3), entsprechend der jeweiligen Phase angepasst. Ziel einer EMV-Entstörung ist primär die Reduzierung des Störstroms durch die LISNs und damit die Unterbindung einer Ausbreitung der Störungen im HV-Bordnetz.

2.2.2 Störmodell des Tiefsetzstellers

Zur Versorgung der NV-Verbraucher wird bei Elektrofahrzeugen ein Konverter vom HV-System auf das NV-System benötigt. Im einfachsten Fall kann dies über einen Tiefsetzsteller erfolgen. Das Schaltbild eines solchen Wandlers ist in Abbildung 2.8 dargestellt, ergänzt um die parasitären kapazitiven Koppelelemente und die LISNs zur Erfassung der leitungsgeführten Emissionen. Der Tiefsetzsteller an sich besteht aus einer Speicherinduktivität $L_{Speicher}$, die über den MOSFET Q_1 getaktet geladen und über die Last bzw. die Freilaufdiode D_1 entladen wird. Ist der MOSFET im leitenden Zustand, liegt am Knoten A das volle HV-Potential an und der Ausgangsstrom durch $L_{Speicher}$ steigt an. Wird der MOSFET in den sperrenden Zustand überführt, ergibt sich über der Diode eine Potentialdifferenz, die diese in den leitenden Zustand bringt. Dieser sogenannte Freilauf wird durch die induzierte Spannung von $L_{Speicher}$ hervorgerufen, die den Stromfluss weiterhin aufrechterhält.

Somit stellt sich über der Last R_{Last} am Ausgang ein weitgehend konstanter Strom mit geringem Ripple und niedrigerer Ausgangsspannung ein, verglichen zu U_{DC}. C_{ZK} und C_{Out} dienen als Glättungskondensatoren für den Eingang bzw. Ausgang des Wandlers.

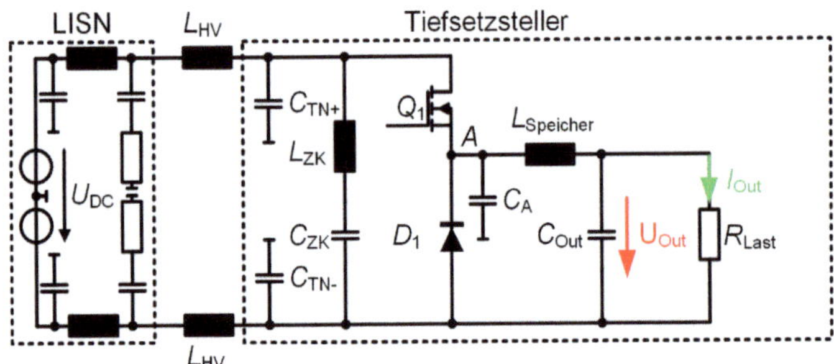

Abbildung 2.8: Ersatzschaltbild eines Tiefsetzsteller mit parasitären Kapazitäten

Als Störanregung für die Gleichtaktstörungen beim verwendeten Tiefsetzsteller kann das springende Potential am Knoten A ausgemacht werden, weshalb dieser im Folgenden als „dynamischer Knoten" bezeichnet wird. $L_{Speicher}$ und C_{Out} glätten die Ausgangsspannung soweit, dass über der Last ein konstantes Potential anliegt und somit keine Störanregung des Gleichtakts mehr erfolgt. Die Koppelkapazität C_A wird aus der Kapazität des Source-Kontakts von Q_1 und dem Kathodensubstrat (p-dotierte Schicht) der Diode gebildet. Durch die Leiterbahnen auf dem Leistungsmodul ergeben sich am Eingang die Kapazitäten $C_{TN\pm}$ identisch zum PWR, da beide Wandler auf derselben Hardwareplattform basieren. Somit bildet sich der Strompfad für den Gleichtakt über die Kapazitäten C_A und $C_{TN\pm}$ bzw. die LISNs aus.

Im Gegensatz zum PWR wird der Tiefsetzsteller mit konstantem Puls-Pausen Verhältnis (Duty-Cycle) betrieben. Dieses ergibt sich aus dem Verhältnis der Eingangsspannung U_{DC} zur gewünschten Ausgangsspannung U_{Out} nach [30] über folgenden Zusammenhang

$$U_{Out} = d \cdot U_{DC} \, , \, 0 < d < 1 \qquad (2\text{-}5)$$

Der Duty-Cycle wird in (2-5) durch d im Bereich zwischen 0 und 1 repräsentiert. Alternativ wird dieser zum einfacheren Verständnis zwischen 0 und 100 % angegeben. 0 % entspricht dabei dem Zustand von Q_1 im dauernd sperrenden Betrieb, 100 % im dauernd leitenden Betrieb.

2.3   Passive Entstörungskonzepte – Stand der Technik

Damit leistungselektronische Baugruppen die Anforderungen aus den Komponententests für leitungs- und feldgebundene Emissionen einhalten können, werden üblicherweise Filterbaugruppen zur Entstörung eingesetzt [31]. Nahezu kein elektronisches Gerät mit einem Schaltnetzteil kommt ohne einen Eingangsfilter an den Versorgungsanschlüssen aus, um die geforderten Grenzwerte einzuhalten [25]. Der EMV-Filter als Komponente wird über seine Einfügedämpfung IL[19] charakterisiert [25].

$$IL = 20 \cdot \log_{10} \left| \frac{\underline{U}_{Senke,oF}}{\underline{U}_{Senke,mF}} \right| \tag{2-6}$$

Die Einfügedämpfung wird über die Spannungsverhältnisse an der Störsenke in einem beliebigen Prüfaufbau definiert. Sie gibt dabei das Verhältnis der Störspannung ohne Filter $\underline{U}_{Senke,oF}$ zur Störspannung mit Filter $\underline{U}_{Senke,mF}$ an. In Abbildung 2.9 ist der einfachste Fall zur Definition von IL dargestellt, ein Modell einer Störquelle $\underline{U}_{Stör}$ mit Quellimpedanz $\underline{Z}_{Quelle}$ und Störsenke $\underline{Z}_{Senke}$. Zur Ermittlung von IL wird die Störspannung $\underline{U}_{Senke}$ über $\underline{Z}_{Senke}$ einmal für den Fall ohne Filterelement und ein zweites Mal für den Fall mit Filterelement ausgewertet.

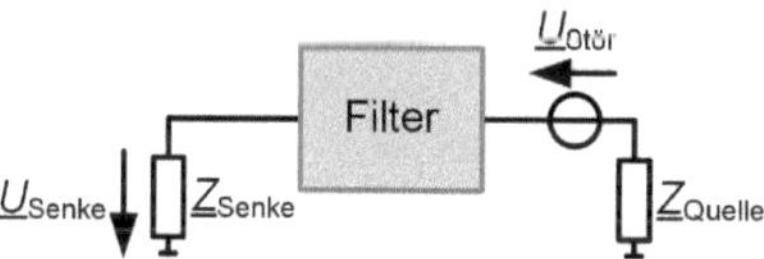

Abbildung 2.9: Simples Netzwerk zur Definition der Einfügedämpfung IL

Aus Abbildung 2.9 ist ersichtlich, dass $\underline{Z}_{Senke}$ und $\underline{Z}_{Quelle}$ die Spannungsverhältnisse im Netzwerk und die damit erreichbare Filterdämpfung beeinflussen werden. Der Vergleichbarkeit halber wird die Einfügedämpfung von EMV-Filtern daher meist im 50 Ω System angeben [25]. Bei stark abweichender Quell- und Senkenimpedanz kann die Einfügedämpfung jedoch sowohl positiv als auch negativ von ihrem Nominalwert abweichen. Daher ist bei der Auslegung von EMV-Filtern eine Betrachtung der Impedanzverhältnisse ratsam.

2.3.1 Konventionelle passive EMV-Filter

Aus Sicht der Schaltungstechnik existieren zwei Möglichkeiten, wie die Störspannung über der Senkenimpedanz reduziert werden kann. Einerseits kann ein Serienelement im Filter eingesetzt werden, welches den Spannungsabfall über der Senke reduziert. Andererseits lässt sich der Störstrom durch die Senke mit Hilfe

---

[19] IL: Insertion loss (engl. Einfügedämpfung)

eines Parallelelements im Filter reduzieren. Die beiden möglichen Filterelemente sind in Abbildung 2.10 als allgemeines Impedanzelement $\underline{Z}_{Filter}$ dargestellt. Um eine schärfere Grenzfrequenz des Filters zu erreichen, können Serien- und Parallelelemente auch kombiniert eingesetzt werden.

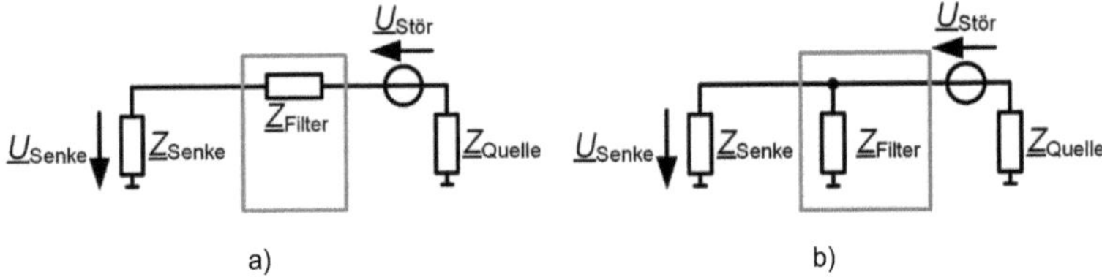

Abbildung 2.10: Netzwerk mit a) Serienelement und b) Parallelelement als Filter

Im Allgemeinen werden als Serienelemente überwiegend Induktivitäten verbaut. Je nach Art der Störung, Gleich- oder Gegentakt, werden entweder einzelne Serieninduktivitäten oder magnetisch gekoppelte Gleichtaktdrosseln (CMC[20]) eingesetzt. Die beiden Varianten sind in Abbildung 2.11 mit den zugehörigen Spannungsgleichungen für den Gleich- und Gegentakt gezeigt. Im Fall der Seriendrossel sind die Spannungsabfälle $\underline{U}_{L,CM}$ und $\underline{U}_{L,DM}$ identisch. Nachteilig wirkt sich jedoch die Asymmetrie im Gleichtaktpfad aus, diese kann zu einer Konversion des Gleichtaktstroms in einen Gegentaktstrom führen. Solche Asymmetrien sollten im EMV-Filter vermieden werden [1] und können durch Verwendung einer weiteren Seriendrossel im Rückleiter ausgeglichen werden. Daher werden hauptsächlich gekoppelte Gleichtaktdrosseln, entsprechend Abbildung 2.11b, im Filter verwendet. Die beiden Wicklungen sind über einen gemeinsamen magnetischen Kern gekoppelt. Entsprechend Gleichung (2-10) summieren sich für den Gleichtakt die Eigeninduktivität L und die Koppelinduktivität M auf. Für den Gegentakt jedoch ist nur die Streuinduktivität L-M wirksam [25], da sich die magnetischen Flüsse innerhalb des Kernmaterials aufgrund der gegensinnigen Stromrichtungen des Gegentakts aufheben.

---

[20] CMC: Common-Mode-Choke (engl. Gleichtaktdrossel)

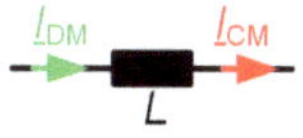

$$\underline{U}_{L,DM} = j\omega L \cdot \underline{I}_{DM} \tag{2-7}$$

$$\underline{U}_{L,CM} = j\omega L \cdot \underline{I}_{CM} \tag{2-8}$$

a)

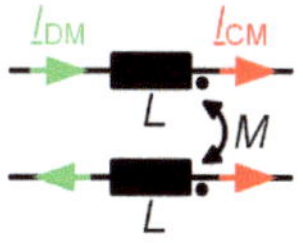

$$\underline{U}_{CMC,DM} = j\omega L \cdot \underline{I}_{DM} - j\omega M \cdot \underline{I}_{DM} \tag{2-9}$$

$$\underline{U}_{CMC,CM} = j\omega L \cdot \underline{I}_{CM} + j\omega M \cdot \underline{I}_{CM} \tag{2-10}$$

b)

Abbildung 2.11: Induktive Serienelemente, a) Serieninduktivität und b) Gleichtaktdrossel

Im Fall einer idealen Kopplung beider Wicklungen der CMC ist im Gegentaktpfad keine Induktivität wirksam. Somit muss bei der Kernauslegung kein Einfluss des Nutzstroms, welcher in aller Regel einem Gegentaktstrom entspricht, auf die magnetische Sättigung berücksichtigt werden. Für die Sättigungsauslegung sind dann nur die Gleichtaktanteile relevant, diese jedoch über das gesamte Frequenzspektrum.

Parallele Filterelemente können entsprechend Abbildung 2.12 mit Kondensatoren realisiert werden. Zur Gegentaktdämpfung wird ein C_X-Kondensator zwischen die beiden Leiter geschaltet, somit wird der Gegentaktstrom über diesen kurzgeschlossen. Für den Gleichtaktanteil werden C_Y-Kondensatoren zwischen den Leitern und der Referenzmasse eingefügt. Damit entsteht ein

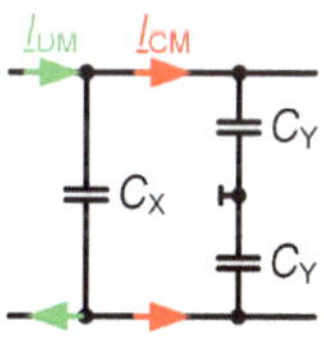

Abbildung 2.12

Strompfad mit niedriger Impedanz gegenüber der Referenzmasse. Zudem bildet die Serienschaltung der beiden C_Y-Kondensatoren einen zusätzlichen Strompfad für den Gegentakt, womit C_Y-Kondensatoren auch immer eine geringe Gegentaktdämpfung erreichen.

Bedingt durch die Einbaulage, gerade bei C_Y gegenüber der Referenzmasse und somit häufig der Gehäusemasse, müssen Entstörkondensatoren ein spezielles X- bzw. Y-Rating aufweisen. Beispielsweise wird für Y-Kondensatoren ein hochohmiges Verhalten im Fehlerfall gefordert, um eine direkte Verbindung der Leiter mit Masse durch einen defekten C_Y-Kondensator zu verhindern. Zudem unterliegen C_Y-Kondensatoren einigen Anforderungen hinsichtlich des zulässigen Ableitstroms im Normalbetrieb. Bei netzfrequenten Anwendungen gelten Regularien für den Berührschutz hinsichtlich des maximal zulässigen Ableitstroms, der über das Gehäuse gegen Erde abfließen darf [25]. Bei den DC-Systemen im Kfz wird der

maximal zulässige Energieinhalt der gesamten C_Y-Kapazität im System limitiert [32]. Im Hinblick auf den Trend steigender Batteriespannungen im HV-Bordnetz gestaltet sich die C_Y-Kapazität als kritische Limitierung der Filterauslegung.

2.3.2 Automatisierte Optimierung passiver EMV-Filter

Üblicherweise werden passive Filter anhand einer vorangegangenen Störemissionsmessung bzw. basierend auf den Ergebnissen von Schaltungssimulationen
zur Abschätzung der Störemissionen und des damit einhergehenden Filterbauraums ausgelegt [5]. Anhand der Grenzwertüberschreitungen der Rohemissionen
ohne Filter kann die notwendige Dämpfung definiert werden. Typischerweise wird
mit einem Sicherheitszuschlag von etwa 6 dB gearbeitet [9]. Anschließend können die Filterbauelemente anhand der notwendigen Grenzfrequenz und der Steil-
heit der Filtercharakteristik im Sperrbereich ausgelegt werden. Hierbei müssen
auch Randbedingungen, wie die maximal zulässige C_Y-Kapazität, berücksichtigt
werden. Da die Messung der notwendigen Systemimpedanzen für eine korrekte
Filterdimensionierung komplex und zeitaufwändig ist, wird häufig auf eine Auslegung im 50 Ω System zurückgegriffen. Dies erlaubt auch eine Vergleichbarkeit
von kommerziellen EMV-Filtern, unabhängig von der jeweiligen Applikation. Der
Bezug auf das 50 Ω System führt mitunter zu Fehldimensionierungen in der Emissionsmessung [25], welche anschließend iterativ behoben werden müssen. Der
daraus resultierende Filter stellt folglich nicht immer das Optimum an Bauraumef-
fizienz dar.

Ein erster Schritt in Richtung der Miniaturisierung von EMV-Filtern stellen automatisierte Verfahren zur Optimierung der Filterbauelemente dar. Dabei werden
beispielsweise Emissionsmessungen, Impedanzmessungen, Spannungslevel
und Nominalströme als Eingangsparameter zum Filterentwurf herangezogen. Zusätzlich werden ausführliche Bauteildatenbanken verknüpft. Regelbasierte Algo-
rithmen beispielsweise können mit diesen ausführlichen Eingangsdaten effiziente
Filter auslegen [9]. Mit diesen Verfahren lassen sich im Vergleich zur konventionellen Filterauslegung sowohl der Bauraum als auch das Gewicht des Filters um
etwa 2/3 senken [9]. Erweiternd wurde in [33] eine Methode zur Filteroptimierung
basierend auf einer Schaltungssimulation vorgestellt. Auch hier konnten signifikante Reduzierungen der Filter erreicht werden.

In Anlehnung an dieses Konzept wurde in [10] und [11] eine Möglichkeit zur au-
tomatisierten Filterentwicklung basierend auf Schaltungssimulationen zur Vorhersage der leitungsgeführten Gleichtaktemissionen entwickelt. Anhand des Störmodells aus Abschnitt 2.2.1 kann nach [34] ein stark vereinfachtes Gleichtakt-Schal-
tungsmodell für die maximale Gleichtakt-Störanregung eines PWRs bei einer Si-

nusmodulation von $m = 0$ abgeleitet werden [5]. Zur Erzeugung des Ersatzschaltbilds in Abbildung 2.13 können die Bauelemente des Ersatznetzwerks des PWRs aus Abbildung 2.4 als Parallelschaltung zusammengefasst werden. Für die zweipolige DC-Seite mit einem Faktor von zwei für Kapazitäten bzw. 1/2 für Induktivitäten und Widerstände. Die dreiphasige AC-Seite ist entsprechend mit drei bzw. 1/3 zusammenzufassen. Die LISNs müssen ebenfalls mit den Faktoren zwei bzw. 1/2 in den Gleichtaktfall gewandelt werden. Die Gleichtaktanregung wird über eine einzelne Spannungsquelle U_{CM} repräsentiert. Diese Vereinfachung ist zulässig, da im Betriebsfall für m = 0 alle Halbbrücken zur selben Zeit schalten und somit an allen drei Phasenabgängen ein identischer Potentialsprung auftritt [5]. Im Simulationsmodell kann der Gleichtaktfilter zwischen den Inverterklemmen und den HV-Leitungen positioniert werden.

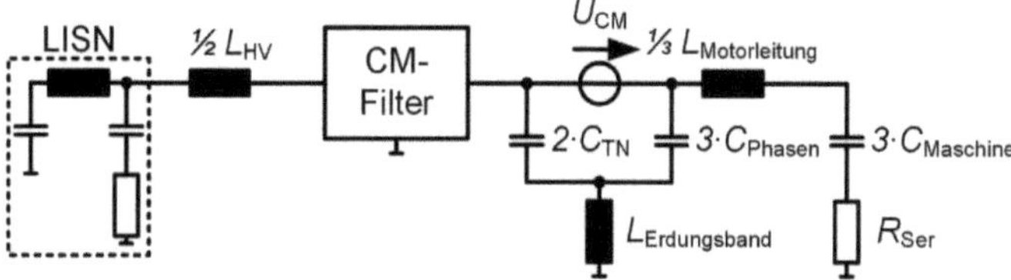

Abbildung 2.13: Gleichtakt-Parallelersatzschaltbild eines PWRs für den Betriebspunkt m = 0

Mit Hilfe der Fourier-Analyse lässt sich die Störanregung bei Nullmomentenmodulation der drei Halbbrücken zu einer einzelnen Störquelle im Frequenzbereich umformen [34]. Das entsprechende Simulationsmodell ist einfach zu parametrieren und erlaubt eine ausreichend genaue Abschätzung der Störemissionen im Frequenzbereich unterhalb von 30 MHz in frühen Entwicklungsphasen [5]. Aufgrund der geringen Komplexität ist die Berechnungsdauer sehr kurz, was eine Grundbedingung für die Verwendung der Simulation in einem heuristischen Optimierungsverfahren darstellt. Mittels eines Differential Evolution Algorithmus, einer Unterart eines Genetischen Algorithmus, lassen sich die Bauteilwerte des Filters bei vorgegebener Filtertopologie automatisiert optimieren. Randbedingungen, wie maximale und minimale Bauteilwerte, werden in der Optimierung ebenso berücksichtigt wie ein möglicher Grenzwert der leitungsgeführten Emissionen. [11]

Somit ist eine automatisierte Auslegung von passiven Filtern möglich. Zudem erlaubt dieses Vorgehen eine schnelle Abschätzung der Auswirkung von Parameteränderungen der Komponente auf den Filter, wie bspw. eine Erhöhung der Batteriespannung. Ab einem bestimmten Optimum lässt sich aufgrund der zur Verfügung stehenden Bauteile bzw. Kernmaterialien jedoch keine weitere Reduzierung des Bauraums mehr erreichen. Um über dieses Limit hinaus den Bauraum des

Filters weiter zu miniaturisieren, können aktive Entstörkonzepte eine Schlüsselkomponente darstellen.

2.4   Aktive Entstörungskonzepte – Stand der Forschung

Die ersten Grundlagen zum Themengebiet der aktiven EMV-Filter wurden 1987 von LaWhite gelegt [12]. Schon damals stand die Reduzierung des passiven Filters eines DC/DC Wandlers, von einem Filter vierter Ordnung zu einem Filter zweiter Ordnung mit aktivem Filterbaustein, im Fokus seiner Arbeit. Als Vorteile einer aktiven Filterlösung, im Vergleich zum konventionellen EMV-Filter, wurden seine geringere Größe und die einfachere Regelbarkeit des Wandlers durch die Reduzierung der Ordnung des EMV-Filters hervorgehoben [12]. Im Lauf der Jahre wurden in der Literatur zahlreiche weitere, aktive Filter mit Störspannungskompensation [8], [35]–[41] bzw. Störstromkompensation [6], [7], [19]–[26], [27]–[29] vorgestellt.

Die Vielzahl an vorhandenen Varianten der aktiven EMV-Filter lässt sich hinsichtlich des Reglerverhaltens in Feedback bzw. Feedforward Varianten unterscheiden [52]. Zusätzlich wird nach der aus- bzw. eingekoppelten Größe (Strom oder Spannung) unterschieden [52]. Die Signalverarbeitung zwischen Aus- und Einkopplung kann entweder analog oder digital erfolgen. Über den konventionellen Ansatz hinaus existieren einige weitere Konzepte zur Erzeugung der Kompensationssignale. Da die Vielzahl an möglichen Realisierungen recht groß ist, sollen die in der Literatur beschriebenen, unterschiedlichen Varianten an aktiven EMV-Filtern im Folgenden näher beleuchtet und eingeordnet werden.

2.4.1   Genereller Aufbau aktiver EMV-Filter

Obwohl eine Vielzahl verschiedener Varianten zur aktiven EMV-Entstörung publiziert ist, haben diese Filter alle einen gemeinsamen Grundaufbau. Basierend auf dieser Grundlage wurden anschließend Abwandlungen vorgenommen, um einige Nachteile aktiver EMV-Filter (wie bspw. den mit der Frequenz zunehmenden Phasenfehler) zu beheben.

Generell bestehen aktive EMV-Filter aus drei Schaltungselementen: Einem zur Auskopplung des Störsignals, einem zur Erzeugung des Kompensationssignals und einem Schaltungselement zur Einkopplung dieses Kompensationssignals. Abbildung 2.14 zeigt das Prinzipschaltbild eines geregelten, aktiven Filters anhand eines Einleiter-Modells. Wie konventionelle Filter wird auch der aktive Filter zwischen Störquelle und Störsenke positioniert. Das Störsignal wird über einen kapazitiven oder induktiven Messabgriff erfasst und einem invertierenden Verstärker zugeführt. Dieser erzeugt das notwendige um 180° phasengedrehte Kompensationssignal. Dieses wird anschließend wieder über eine kapazitive oder induktive Injektionsstelle auf die Versorgungsleitung eingekoppelt. [52]–[54]

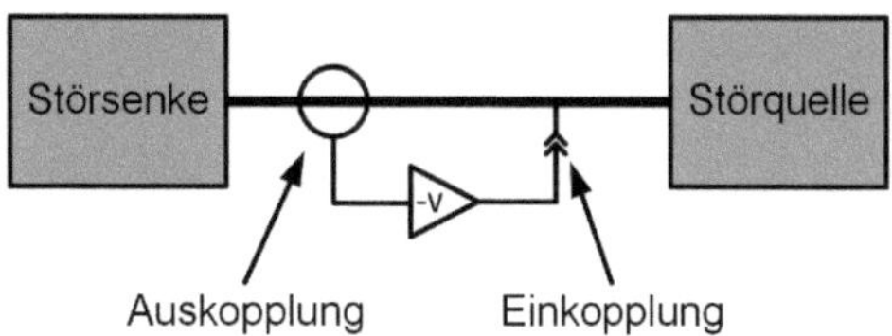

Abbildung 2.14: Prinzipschaltbild eines aktiven EMV-Filters als Feedback Aufbau

Im Idealfall verursacht die destruktive Interferenz von Störsignal und Kompensationssignal eine vollständige Entstörung des Systems. Der in Abbildung 2.14 gezeigte Aufbau entspricht einem aktiven Filter in Feedback Topologie. Dabei wird das Kompensationssignal vor der Signalerfassung eingekoppelt. Das Ausgekoppelte Signal entspricht dann dem Differenzsignal von Störquelle und aktivem Filter. Somit ist das Prinzip der Rückkopplung in dieser Topologie realisiert.

Neben aktiven Filtern in Feedback Topologie existieren diverse Realisierungen von aktiven Filtern in Feedforward Topologie [8], [36], [39], [43], [55], [56]. Das entsprechende Prinzipschaltbild ist in Abbildung 2.15 dargestellt. Im Unterschied zur Feedback Topologie sind Ein- und Auskopplung vertauscht, d. h. das Störsignal wird zuerst erfasst und anschließend in einer Vorwärtskopplung über den invertierenden Verstärker wieder auf die zu entstörende Leitung eingekoppelt.

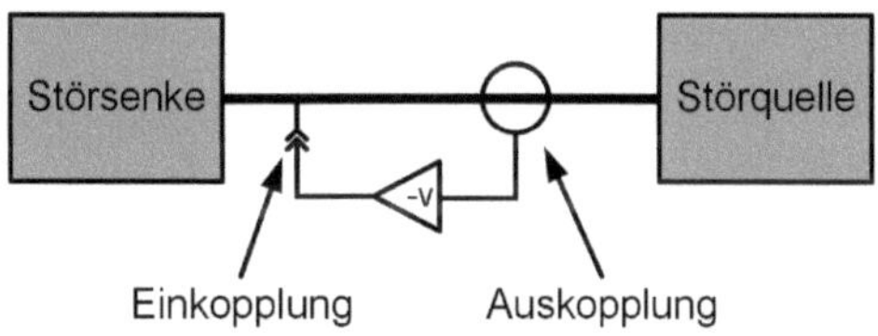

Abbildung 2.15: Prinzipschaltbild eines aktiven Filters als Feedforward Aufbau

Welche der beiden Topologien für die jeweilige Anwendung gewählt wird, hängt maßgeblich vom angestrebten Verhalten des aktiven Filters ab. Aufgrund der Rückkopplung bei Feedback Topologien sollte zur idealen Störunterdrückung eine Verstärkung der offenen Regelschleife von $v = \infty$ erreicht werden [43]. In der praktischen Implementierung muss der Verstärkungsfaktor mit steigender Frequenz jedoch reduziert werden, um das System mit Rückkopplung in einem stabilen Arbeitspunkt zu halten [48]. Dies reduziert zwar die Bandbreite im unteren

MHz-Bereich, hohe Dämpfungswerte im LW und MW Bereich lassen sich dennoch ohne strenge Anforderungen an Bauteiltoleranzen bzw. Nichtlinearitäten der Verstärker realisieren.

Im Gegensatz dazu arbeiten Feedforward Topologien idealerweise mit einer Verstärkung von $v = 1$. Der niedrige Verstärkungsfaktor ermöglicht bei der praktischen Implementierung eine höhere Bandbreite im Vergleich zu Feedback Topologien, bedingt durch das feste Verstärkungs-Bandbreite-Produkt von Verstärkern. Aufgrund von Bauteiltoleranzen und Nichtlinearitäten ist ein Verstärkungsfaktor von exakt $v = 1$ in der Praxis jedoch schwer zu erreichen, was sich wiederum negativ auf die Performance des Filters auswirkt. [43]

Zusätzlich zur Unterscheidung in Feedback und Feedforward Topologien werden aktive Filter häufig noch hinsichtlich der Ein- und Auskopplung genauer spezifiziert. Die verschiedenen Realisierungsformen werden im Folgenden anhand der Feedback Topologie dargestellt, lassen sich aber mit einigen Einschränkungen auch auf die Feedforward Topologie anwenden.

Die zwei Realisierungsformen der Störunterdrückung bei einem ausgekoppelten Störstrom zeigt Abbildung 2.16. Der Fall einer stromgesteuerten Störspannungsunterdrückung (CSVI[21]) ist in Abbildung 2.16a gezeigt. In der Realisierung wird sowohl zur Aus- als auch zur Einkopplung ein Übertrager benötigt. Somit kann eine vollständige galvanische Trennung von Primärstromkreis und aktivem Filter realisiert werden, was bei der Anwendung im isoliert betriebenen HV-Bordnetz von Vorteil sein kann. Dies geht jedoch zu Lasten des Gewichts und des Bauraums der aktiven Filterstufe. Alternativ kann eine Störstromunterdrückung (CSCI[22]) verwendet werden, siehe Abbildung 2.16b. Dabei wird zur Kompensation ein Strom über einen Kondensator als Hochpass eingekoppelt. Somit lässt sich der Bauraum der Einkopplung deutlich reduzieren. Bei der Auslegung muss jedoch bei Gleichtaktfiltern auf Kondensatoren mit einer entsprechenden Sicherheitsklasse (Y-Rating) geachtet werden.

---

[21] CSVI: Current Sense – Voltage Injection
[22] CSCI: Current Sense – Current Injection

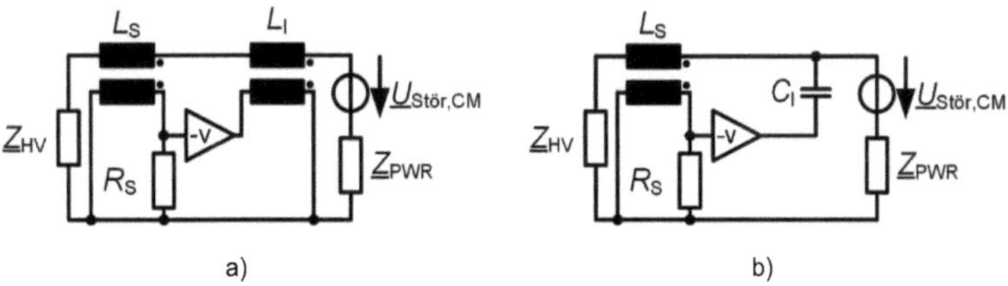

Abbildung 2.16: Aktive Filterkonfigurationen in Feedback Topologie mit Stromauskopplung a) Spannungskompensation (CSVI) und b) Stromkompensation (CSCI)

Alternativ zur Störstromerfassung kann auch die Störspannung im Kreis ausgekoppelt werden. Abbildung 2.17 zeigt die damit realisierbaren Filterkonfigurationen für den Fall der Spannungskompensation (VSVI[23]) in a) und den Fall der Stromkompensation (VSCI[24]) in b). Im Vergleich zur CSVI Konfiguration lässt sich mit der VSVI Konfiguration ein Übertrager einsparen. Ganz ohne Übertrager kann die VSCI Konfiguration realisiert werden, was das höchste Einsparpotential von Bauraum im Vergleich der aktiven Topologien bietet. Für den Fall eines aktiven Filters in Feedforward Topologie lassen sich nur Konfigurationen gleicher Größen realisieren. Somit können nur VSVI bzw. CSCI Feedforward Filter realisiert werden.

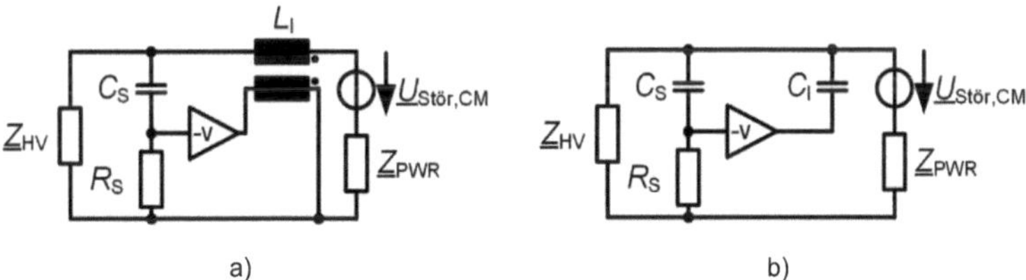

Abbildung 2.17: Aktive Filterkonfigurationen in Feedback Topologie mit Spannungsauskopplung a) Spannungskompensation (VSVI) und b) Stromkompensation (VSCI)

Bei der Auswahl der passenden Filterkonfiguration spielen einige Einflussfaktoren eine Rolle. Die wichtigsten Einflussparameter stellen die Systemimpedanzen dar. In Abbildung 2.16 und Abbildung 2.17 sind sowohl die Senkenimpedanz $\underline{Z}_{HV}$ als auch die Quellimpedanz $\underline{Z}_{PWR}$ dargestellt. Wie auch bei konventionellen, passiven EMV-Filtern spielt das Verhältnis der beiden Impedanzen zueinander eine große Rolle bei der maximal erreichbaren Filterdämpfung der aktiven Filter. [52]–[54]

---

[23] VSVI: Voltage Sense – Voltage Injection
[24] VSCI: Voltage Sense – Current Injection

Neben der Anwendung und der jeweiligen Topologie bzw. Realisierung von Ein- und Auskopplung unterscheiden sich die aktiven EMV-Filter in der Literatur hinsichtlich des Hardwareaufbaus. Die klassische Hardwarerealisierung stellt dabei der aktive Filter in Analogtechnik dar. Hamza et al. haben anhand dreier Beispielapplikationen das Feld der aktiven Filter in Digitaltechnik begründet [48], [57], [58]. Darüber hinaus existiert eine Vielzahl von Methoden zur Störunterdrückung, die Informationen aus der Steuerung der Komponente mit einbeziehen und daher nicht mehr als klassische Filterkomponenten betrachtet werden können. Auch diese Realisierungsformen der Störunterdrückung werden im Kontext der aktiven Filter genannt. Im Folgenden sind die verschiedenen Varianten detailliert beschrieben.

2.4.2 Aktive EMV-Filter in Analogtechnik

Ein Großteil der verfügbaren Publikationen beschäftigt sich mit aktiven EMV-Filtern in Analogtechnik. Dabei werden die Methoden aus Abschnitt 2.4.1 in analoger Schaltungstechnik analysiert und aufgebaut. Je nach dominierendem Störanteil in der Anwendung werden Gleich- oder Gegentaktfilter beschrieben. Der Grundaufbau in beiden Fällen ist derselbe. Lediglich die Elemente zur Aus- und Einkopplung müssen derart gestaltet werden, dass entweder ausschließlich Gleichtakt- oder Gegentaktgrößen erfasst bzw. eingeprägt werden.

Für Komponenten kleiner Leistung werden häufig Realisierungsformen des invertierenden Verstärkers mit Operationsverstärkern verwendet. Beispiele für die Realisierung mit Operationsverstärkern sind unter anderem in [3], [36], [38] und [47] zu finden. Durch die nahezu idealen Eigenschaften im Vergleich zu herkömmlichen Einzeltransistoren ist das Design eines Verstärkers mit den gewünschten Eigenschaften erheblich einfacher [59]. Aufgrund der guten Verfügbarkeit bis in den HF[25]-Bereich eignet sich die Verwendung von Operationsverstärkern auch in aktiven EMV-Filtern. Bedingt durch die endliche, maximale Spannungssteilheit eines Operationsverstärkers (Slew-Rate), muss zwischen der Bandbreite und der Ausgangsspannung abgewogen werden. Bei der Bauteilrecherche von Operationsverstärkern hat sich herausgestellt, dass bei ausreichender Bandbreite für eine Anwendung in aktiven EMV-Filtern der erreichbare Spannungshub am Ausgang etwa ± 15 V beträgt.

Eine wichtige Kenngröße von Operationsverstärkern stellt deren Verstärkungs-Bandbreite-Produkt *GBP*[26] dar. Wird eine hohe Verstärkung der Schaltung einge-

---

[25] HF: Hochfrequenz
[26] GBP: Verstärkungs-Bandbreite-Produkt (engl. Gain Bandwidth Product)

stellt, sinkt zwangsläufig die erreichbare Bandbreite. Da gerade bei Feedback Topologien für hohe Dämpfungswerte große Verstärkungsfaktoren benötigt werden, schränken diese die Bandbreite der Filter ein.

Zur aktiven Entstörung von Komponenten größerer Leistung, beispielsweise HV-Komponenten im Fahrzeug, werden die notwendigen Verstärkerschaltungen oft mit diskreten Transistorschaltungen aufgebaut. Dabei können erheblich größere Kompensationsströme bei höheren Ausgangsspannungen des Verstärkers eingekoppelt werden. Diese Variante bringt jedoch einen Mehraufwand in der Dimensionierung der Verstärker mit sich. Zur Realisierung werden meist komplementäre Bipolar-Verstärker, sogenannte Push-Pull Schaltungen verwendet [20], [35], [45]. Eine vereinfachte Realisierung eines solchen Push-Pull Verstärkers zeigt Abbildung 2.18. Der Verstärker ist aus einem komplementären Paar Bipolartransistoren aufgebaut. Komplementär bedeutet dabei, dass je ein NPN und PNP Transistor einer identischen Baureihe verwendet werden. Das Komplementärpaar wird vom Hersteller so abgestimmt, dass NPN und PNP Transistor bis auf die Stromvorzeichen möglichst identische Parameter aufweisen [59].

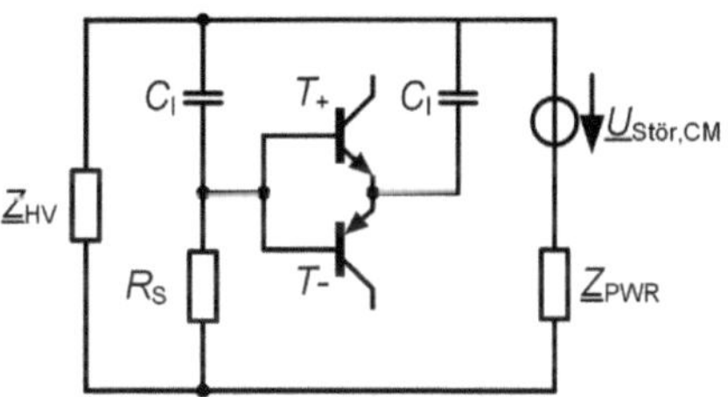

Abbildung 2.18: Stark vereinfachtes Netzwerk eines aktiven Filters mit Push-Pull Verstärker

Diverse Veröffentlichungen wie [20], [35], [45], [51], [56], [60], [61] konnten das Potential aktiver Filter in Analogtechnik aufzeigen. Mit einer zusätzlichen, deutlich reduzierten passiven Filterstufe kann ein aktiver Filter in Analogtechnik ausreichen, um die jeweils geforderten Emissionsgrenzwerte einzuhalten. Dem gegenüber steht ein Mehraufwand zur Bereitstellung der bipolaren Spannungsversorgung im Vergleich zu passiven Filterlösungen. Darüber hinaus stellt die Störfestigkeit der aktiven Filter gerade bei analogen Komponenten einen Aspekt dar, der bei der Auslegung der Filter berücksichtigt werden muss [17], [18]. Werden diese Probleme adressiert, bleibt trotzdem ein Nachteil aktiver Filter gegenüber passiven Filtern hinsichtlich der Gesamtkosten des Filters. Die in den Vorarbeiten verwendeten speziellen Operationsverstärker tragen wesentlich zu den Kosten des Systems bei [15].

2.4.3   Aktive EMV-Filter in Digitaltechnik

Um Nachteile wie gesteigerte Kosten und eine aufwändige Spannungsversorgung auszugleichen, wurde der Ansatz aktiver EMV-Filter in Digitaltechnik entwickelt. Kern dieser Form aktiver Filter ist eine digitale Signalverarbeitung zwischen Aus- und Einkopplung. In Abbildung 2.19 ist das Blockschaltbild eines aktiven Filters in Digitaltechnik als Aufbau in Feedback Topologie gezeigt. Sowohl die Aus- als auch Einkopplung sind identisch zu analogen aktiven Filtern realisiert. Das ausgekoppelte Störsignal wird anschließend über einen A/D[27] Wandler digitalisiert und einem FPGA zur Signalverarbeitung zugeführt. Die Invertierung des Signals wird auf dem FPGA realisiert. Zusätzlich bietet diese Ausführung den Vorteil, dass die Signalverarbeitung keinen Phasenfehler aufweist [48]. Somit lassen sich Grenzfrequenzen von über 30 MHz erreichen [58], [62]. Durch geeignete Einkopplungskonzepte können Gleichtakt- und Gegentaktfilter mit einem Aufbau realisiert werden [50]. Da sowohl die Implementierung des EMV-Filters als auch der Konvertersteuerung auf dem FPGA realisiert werden kann, ist dieses Bauteil prinzipiell schon vorhanden und muss nur um die notwendigen Signalwandler erweitert werden. Nach der Signalverarbeitung wird das Kompensationssignal mittels D/A[28] Wandler und Einkopplungskreis auf die zu entstörenden Leitungen eingeprägt. Je nach Leistungsklasse der Störquelle wird gegebenenfalls ein zusätzlicher Verstärker benötigt [16].

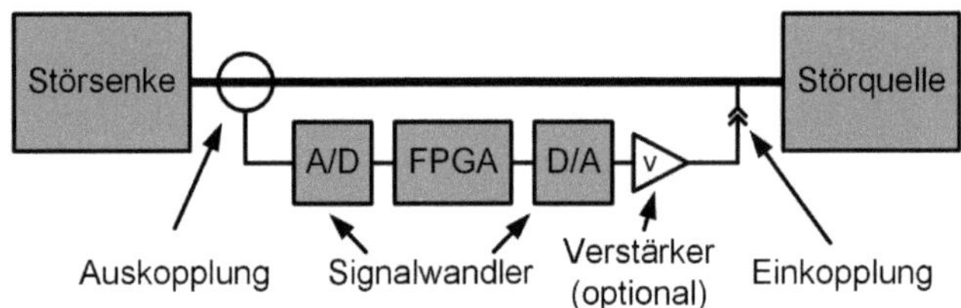

Abbildung 2.19: Blockschaltbild eines aktiven Filters in Digitaltechnik

Als Vorteil der digitalen Realisierung gegenüber der konventionellen analogen Realisierung ist eine Reduzierung der notwendigen Bauelemente hervorzuheben, da die bipolare Spannungsversorgung der analogen Verstärkerstufe entfallen kann [62]. Das Mittenpotential der bipolaren Spannungspulse kann für die D/A Wandler so gewählt werden, dass keine negativen Signalanteile mehr notwendig sind, da die Einkopplung durch Injektionskapazitäten mittelwertfrei erfolgt. Weiterhin lassen sich sowohl Gleich- als auch Gegentakt mit demselben Filteraufbau realisieren und eine Modenkonversion zwischen Gleich- und Gegentakt

---

²⁷ A/D: Analog zu Digital
²⁸ D/A: Digital zu Analog

effektiv vermeiden [50]. Als Nachteil der digitalen Realisierung sind die Signalwandler hervorzuheben. Zur Entstörung des Frequenzbereichs bis 30 MHz werden Signalwandler mit einer Abtastrate von etwa 100 MSPs[29] benötigt, welche in
der Regel teuer sind [16]. Zudem ist die Ausgangsleistung der D/A Wandler beschränkt, weshalb für größere Leistungsklassen zusätzliche Verstärker am Ausgang des Filters benötigt werden [16]. Damit wird der Vorteil ohne analoge Signalverarbeitung auszukommen entkräftet.

2.4.4 Weitere Konzepte aktiver Störunterdrückung

Zusätzlich zu aktiven Filtern in Analog- und Digitaltechnik existieren einige weitere
Verfahren zur aktiven Störunterdrückung. Diese Verfahren basieren teils auf dem
konventionellen Aufbau aktiver Filter, alternativ wurden jedoch auch weitere Kompensationsverfahren für spezielle Anwendungen vorgestellt.

Das erste Konzept, das an dieser Stelle diskutiert werden soll, ist die Unterdrückung von Schaltharmonischen mittels synthetisierter Kompensationssignale
[63]–[68]. Das Verfahren kann als eine Abwandlung aktiver Filter in Digitaltechnik
gesehen werden. Der Aufbau entspricht dabei weitgehend dem in Abbildung 2.19,
ergänzt um eine Rückkopplung der Leistungselektronik zum FPGA. Diese Rückkopplung wird zur Synchronisation der Kompensationssignale auf die Schaltbefehle der Leistungselektronik verwendet. Das Blockschaltbild ergibt sich entsprechend Abbildung 2.20.

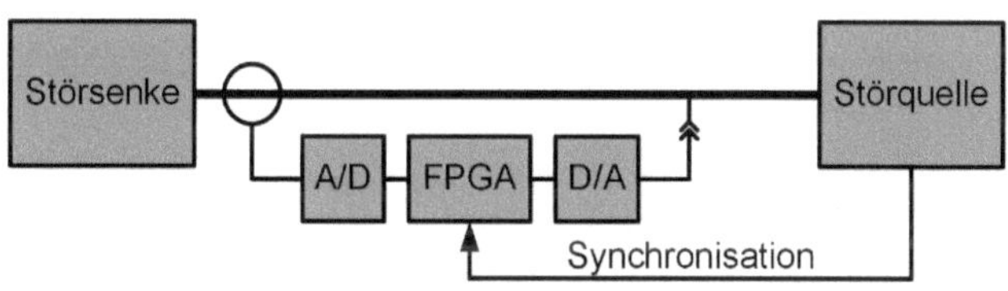

Abbildung 2.20: Blockschaltbild der Unterdrückung von Schaltharmonischen nach [63]

Die Besonderheit dieses Verfahrens liegt in der Erzeugung des Kompensationssignals. Dieses wird aus einzelnen Sinussignalen, ähnlich zur Fourier-Reihe, zusammengesetzt. Die Sinussignale werden mit der Störquelle synchronisiert und
einzeln optimiert. Über die Auskopplung und A/D-Wandlung kann das erfasste
Signal zur Optimierung erzeugt werden. Da es sich bei diesem Verfahren um einen iterativen Prozess handelt, der bei einem bestimmten Betriebspunkt durchgeführt werden kann, lassen sich Verzögerungszeiten kompensieren [63]. Bei
konventionellen aktiven Filtern führen diese Verzögerungszeiten zu einer Einschränkung der Filterperformance mit zunehmender Frequenz [63].

---

[29] MSPs: Megasamples per second, Größenangabe für die Abtastgeschwindigkeit

Zusätzlich zu den gängigen Realisierungen als digitale bzw. analoge aktive EMV-Filter existieren spezielle Verfahren für bestimmte leistungselektronische Topologien zur Entstörung. Im Unterschied zu den bisher vorgestellten Verfahren wird eine enge Verzahnung zwischen Leistungselektronik und Entstörung hergestellt. Somit lassen sich gute Ergebnisse mit einfachen Kompensationsverfahren erzielen. Die Anwendungen sind jedoch häufig auf eine spezielle Konvertertopologie eingeschränkt. Pairodamonchai et al. haben in [23] ein Verfahren zur Unterdrückung von Gleichtaktstörungen am Phasenabgang eines PWRs entwickelt. Ein zusätzlicher Brückenzweig im PWR mit vier Spannungsebenen (Four-Level Bridge) wird zur Erzeugung eines Kompensationssignals verwendet, welches induktiv auf den Phasenleitungen eingeprägt wird. Das Kompensationssignal bildet dabei die Gleichtaktanregung ab. Die notwendigen Ansteuersignale werden direkt aus den Spannungen an den drei Phasenabgängen erzeugt. Die Hardwarerealisierung dieser Methode gestaltet sich aufgrund der notwendigen Four-Level Bridge als recht aufwändig. Eine Weiterentwicklung dieses Verfahrens wurde in [21] vorgestellt. Ein spezielles Schaltmuster für den PWR reduziert die Gleichtakt-Spannungslevel von vier auf zwei, was die Verwendung einer simplen Halbbrücke als Kompensationsquelle erlaubt [21].

Biskoping et al. haben in [22] an einem einphasigen Vollbrücken-Wechselrichter die Gate-Signale zur Erzeugung von Kompensationspulsen zur Störunterdrückung verwendet. Über ein Korrekturnetzwerk aus induktiven und kapazitiven Bauelementen konnte eine Nachbildung von Resonanzeffekten im Kompensationszweig erreicht werden, die ansonsten im einfachen Kompensationssignal nicht abgebildet sind und somit auch nicht unterdrückt werden.

Als weitere Möglichkeit zur aktiven Störunterdrückung sei das Verfahren nach Cordes und Klotz genannt. Hierbei wird ebenfalls ein Kompensationssignal mit zwei Spannungsebenen aus einer Halbbrücke erzeugt und kapazitiv im Gleichtaktpfad eingeprägt. Für eine dreiphasige Realisierung werden die Kompensationshalbbrücken direkt im IGBT[30]-Leistungsmodul integriert. Somit wird eine sehr kompakte Hardware realisiert. [6]

2.4.5 Überblick über bisherige Forschungsergebnisse

In den vorangegangenen Abschnitten wurde ein breiter Auszug aus den vorhandenen Realisierungsformen aktiver EMV-Filter und anderer Methoden zur aktiven Störunterdrückung vorgestellt. Eine Übersicht der berichteten Dämpfung der Publikationen zeigt Abbildung 2.21a für aktive Filter in Analogtechnik und Abbildung

---

[30] IGBT: Insulated-Gate Bipolar Transistor

2.21b für aktive Filter in Digitaltechnik sowie weitere Realisierungen aktiver Störunterdrückung. Die Dämpfungen der einzelnen Publikationen sind beispielhaft für die drei Frequenzpunkte 150 kHz, 1 MHz und 10 MHz aufgetragen. Dabei repräsentieren 150 kHz den LW Bereich und 1 MHz den MW Bereich. Für die aktiven Filter in Analogtechnik bewegt sich das Spektrum der Dämpfung bei 150 kHz bis zu 70 dB, wobei nur fünf Realisierungen mehr als 30 dB erreicht haben. Der Großteil der Publikationen liegt bei einer Filterdämpfung von 10 dB bis 30 dB im Frequenzbereich bis 1 MHz. Ein Drittel aller analogen Realisierungen erreicht Bandbreiten oberhalb von 10 MHz. Für eine geringere Bandbreite wird bei 10 MHz ein Dämpfungswert von 0 eingetragen.

Ein ähnliches Bild lässt sich für digitale aktive Filter zeichnen. Hier ist die Anzahl an verschiedenen Varianten jedoch deutlich übersichtlicher und die vorhandenen Publikationen gehen weitgehend auf Hamza, Ji und Bendicks zurück. Gerade die Störunterdrückung mittels synthetisierter Kompensationssignale erreicht auch bis 10 MHz Dämpfungswerte von 20 dB und weit mehr. Die übrigen Publikationen bewegen sich im Frequenzbereich bis von 150 kHz bis 1 MHz ebenfalls zwischen 10 dB bis 30 dB.

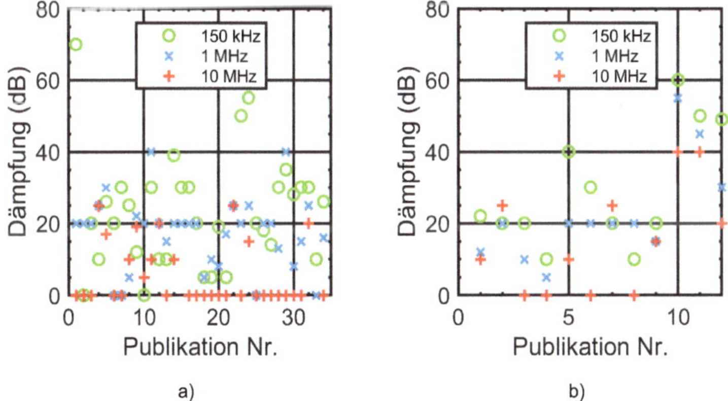

Abbildung 2.21: Übersicht der Dämpfungswerte eines Querschnitts der Publikationen zu aktiven EMV-Filtern in a) Analogtechnik [7], [8], [40], [41], [43]–[47], [49], [51], [54], [14], [55], [56], [60], [61], [69]–[74], [15], [75], [18]–[20], [35], [36], [39] und b) Digitaltechnik und weitere Realisierungen [6], [16], [76], [21], [22], [50], [57], [58], [62], [65], [66]

Durch den Vergleich von analogen und digitalen aktiven Filtern lässt sich schlussfolgern, dass sich hinsichtlich der erreichbaren Filterdämpfung bei 150 kHz und

1 MHz keine der beiden Realisierungsformen durchgängig höhere Dämpfungswerte liefern kann. Ein klarer Vorzug von analogen bzw. digitalen Realisierungsformen basierend auf den Dämpfungswerten bisher verfügbarer Publikationen ist somit nicht erkennbar.

2.5   Fazit zur aktuellen Entwicklung aktiver EMV-Filter

In der Literatur existiert bereits eine breite Palette an verschiedenen Realisierungen für aktive EMV-Filter in Analogtechnik. Die Topologien aus Abschnitt 2.4.1 sind sowohl für Feedback als auch Feedforward Filter für unterschiedliche Anwendungen realisiert und bewertet worden. Mit einer Dämpfung von bis zu 30 dB kann gerade im Frequenzbereich unterhalb von 1 MHz ein erheblicher Mehrwert durch Hybridfilter als Kombination aus aktivem und passivem Filter erbracht werden. Dem gegenüber steht eine aufwändige Realisierung der notwendigen Analogverstärker. Die bipolare Spannungsversorgung, der höhere Preis der analogen Bauelemente und deren Anfälligkeit gegenüber transienten Spannungspulsen sowie die begrenzte Stabilität der Verstärkerschleife stellen die Nachteile dieser Technik dar. Mit digitalen aktiven Filtern können eine bipolare Spannungsversorgung und Stabilitätsprobleme in unterschiedlichen Bordnetzkonfigurationen vermieden werden. Zudem bieten diese Varianten ähnlich hohe Dämpfungswerte bei gleichzeitig größerer Bandbreite. Die notwendigen digitalen Bausteine sind jedoch starke Preistreiber, was einem breiten Einsatz am Markt im Weg steht.

Ergänzend zu den konventionellen analogen und digitalen Varianten aktiver Filter existieren gepulste Kompensationsverfahren mit zwei- bzw. vier-level Spannungspulsen. Diese Verfahren zeichnen sich durch die einfache Realisierung mit Bauelementen im Schaltbetrieb anstatt des Verstärkerbetriebs aus. Somit kann eine einfache Integration in leistungselektronische Komponenten mit kosteneffizienten Bauteilen realisiert werden. Dabei müssen geringere Bandbreiten bis in den einstelligen MHz-Bereich in Kauf genommen werden. Die bisher existierenden Ansätze unterliegen allesamt Einschränkungen auf bestimmte leistungselektronische Topologien. Mit Fokus auf einer breiten Anwendung von Verfahren gepulster, aktiver Störunterdrückung besteht Forschungsbedarf in der Verallgemeinerung dieses Verfahrens und damit der Anwendung auf verschiedene leistungselektronische Topologien, die keiner Limitierung hinsichtlich ihres Betriebs unterstehen.

3 Analoge Hybridfilter für Pulswechselrichter im HV-Bordnetz

Den Stand der Forschung stellen hauptsächlich aktive bzw. hybride EMV-Filter in konventioneller analoger Schaltungstechnik dar. Deren Anwendungsgebiet beschränkt sich bisher vor allem auf leistungselektronische Komponenten kleiner und mittlerer Leistung, im Bereich zwischen einigen Watt bis zu 75 kW bei Spannungen bis ca. 400 V [20]. Der Trend von Traktionsantrieben geht jedoch zu deutlich höheren Leistungen im Bereich einiger 100 kW mit Bordnetzspannungen bis 800 V. Die damit einhergehenden Limitierungen für Hybridfilter in analoger Schaltungstechnik sollen in diesem Kapitel anhand eines Demonstrators aufgezeigt werden.

3.1 Auswahl der aktiven Filtertopologie

Wie auch für passive Filter stellen die Impedanzverhältnisse von Komponente und Bordnetz die größte Einschränkung hinsichtlich der Auswahl der Filterkonfiguration dar [52], [54]. Für den PWR wird daher ein sehr stark vereinfachtes Impedanzmodell in Anlehnung an Abbildung 2.9 ermittelt. Die Hauptkomponenten des elektrischen Antriebsstrangs sind in Abbildung 3.1 als Blockschaltbild dargestellt. Da der EMV-Filter an den Eingangsklemmen des PWRs eingebaut ist, kann zur Ermittlung der notwendigen Systemimpedanzen der Kreis an dieser Stelle aufgetrennt werden. Für den Filter sind die Impedanzen des HV-Kabelbaums $\underline{Z}_{HV}$ und des PWRs mit angeschlossener Maschinennachbildung $\underline{Z}_{PWR}$ relevant.

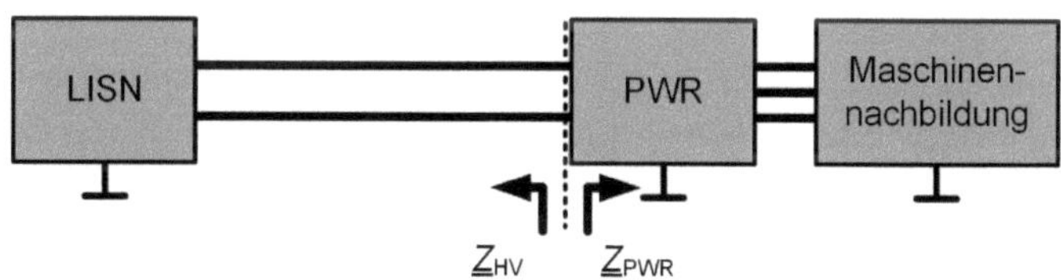

Abbildung 3.1: Definition der Impedanzelemente am PWR Aufbau

Für den Gleichtaktfilter sind die Gleichtaktimpedanzen zu ermitteln. Die Messung zwischen den beiden bzw. drei Leitern und dem Massepotential kann mit einem Impedanzanalysator durchgeführt werden. Die MOSFETs des PWRs befinden sich dabei im leitenden Zustand, um die Gleichtaktimpedanz des Strangs zu erfassen. Der Frequenzgang der Impedanzen $\underline{Z}_{HV}$ und $\underline{Z}_{PWR}$ ist in Abbildung 3.2a zu finden. Die Definition des einfachen Impedanzersatzschaltbilds aus [54] entspricht Abbildung 3.2b. Im Verlauf der Impedanz $\underline{Z}_{HV}$ ist eine Resonanz bei 186 kHz zu sehen. Diese bildet sich als Serienresonanz zwischen der Induktivität der HV-Leitungen und der LISN aus. In [5] wurde gezeigt, dass diese Resonanz ohne Berücksichtigung der HV-Leitungen bei 225 kHz liegt. Die zusätzliche Leitungsinduktivität schiebt den Resonanzpunkt entsprechend in Richtung niedrigerer Frequenzen. Oberhalb dieser Resonanzstelle bei 186 kHz steigt $\underline{Z}_{HV}$ kontinuierlich an. Im Frequenzbereich von 200 kHz bis 4 MHz weist $\underline{Z}_{PWR}$ den umgekehrten Verlauf auf, einen kontinuierlichen Abfall mit 20 dB/Dekade. $\underline{Z}_{PWR}$ zeigt folglich bis 4 MHz kapazitives Verhalten, begründet in der Gleichtaktkopplung durch parasitäre Kapazitäten. Oberhalb von 4 MHz wird der Einfluss der parasitären Induktivitäten erkennbar und $\underline{Z}_{PWR}$ steigt, mit einer Unterbrechung bei 6,5 MHz, bis zu einer Resonanz bei 25 MHz wieder an.

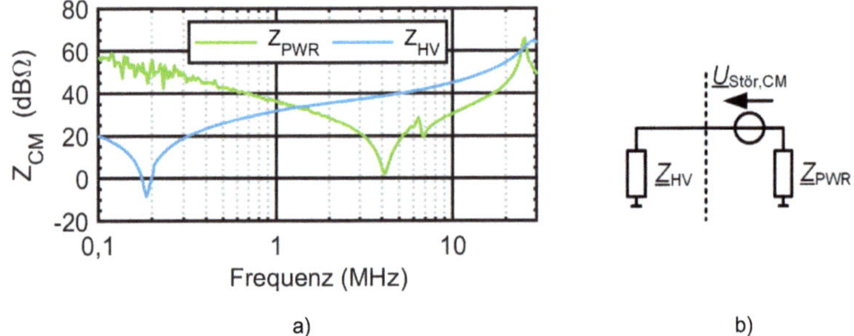

Abbildung 3.2: Impedanzverläufe von HV-Kabelbaum und PWR, a) Gleichtaktimpedanz b) Ersatzschaltbild

Für die Auswahl der Topologie des aktiven Filters ist vor allem der Verlauf der beiden Impedanzen zueinander relevant. In Abbildung 3.2a ist klar erkennbar, dass unterhalb von 1,3 MHz $\underline{Z}_{PWR}$ oberhalb von $\underline{Z}_{HV}$ verläuft. Ab 1,3 MHz kehren sich die Impedanzverhältnisse um und $\underline{Z}_{PWR}$ weist eine niedrigere Impedanz auf. Folglich werden Topologien, deren Filterdämpfung stark von den Impedanzverhältnissen abhängt, sich entweder unterhalb 1,3 MHz gut eignen oder oberhalb. Zur qualitativen Bewertung dieser Eigenschaft wird das Netzwerk aus Abbildung 3.2b herangezogen und die vier möglichen Konfigurationen für aktive Filter in Feedback Topologie in ihrer einfachsten Form, als ideale Quellen ohne den Einfluss von Einkopplung, Auskopplung oder Verstärker analysiert. Die ergänzten Netzwerke sind in Abbildung 3.3a für VI-Filter und in Abbildung 3.3b für CI-Filter gezeigt. Dabei kann jede Variante als Eingangsgröße sowohl die Störspannung $\underline{U}_{ZHV}$ als auch den Störstrom $\underline{I}_{ZHV}$ erhalten.

Abbildung 3.3: Netzwerk zur analytischen Betrachtung der Einfügedämpfungen a) für VI-Topologien, b) für CI-Topologien

Die Einfügedämpfung im logarithmischen Maßstab lässt sich nach Gleichung (2-6) definieren als

$$IL = 20 \cdot \log_{10} \left| \frac{\underline{U}_{ZHV,oF}}{\underline{U}_{ZHV,mF}} \right| \tag{3-1}$$

wobei $\underline{U}_{ZHV,oF}$ der Störspanung $\underline{U}_{ZHV}$ nach dem Netzwerk aus Abbildung 3.2b entspricht und $\underline{U}_{ZHV,mF}$ der Störspannung der Netzwerke aus Abbildung 3.3. Mit der Berechnung in Anlehnung an [54] ergeben sich die Einfügedämpfungen nach Tabelle 3-1. Eine ausführliche Herleitung der Gleichungen (3-2) bis (3-5) findet sich in Anhang A. Alle theoretischen Einfügedämpfungen weisen eine Abhängigkeit von beiden Impedanzen im System auf. Somit erreichen beispielsweise die stromunterdrückenden Verfahren eine möglichst große Dämpfung für eine hohe Eingangsimpedanz $\underline{Z}_{PWR}$ des PWRs. Zudem ist ersichtlich, dass IL bei jeder Topologie mit dem Verstärkungsfaktor v zunimmt. Somit ist ein möglichst großes v für hohe Einfügedämpfungen vorteilhaft.

Tabelle 3-1: Einfügedämpfung der vier Feedback Topologien für das vereinfachte Ersatznetzwerk

Topologie	Einfügedämpfung IL	
CSVI	$1+\dfrac{v}{\underline{Z}_{HV}+\underline{Z}_{PWR}}$	(3-2)
VSVI	$1+\dfrac{v \cdot \underline{Z}_{HV}}{\underline{Z}_{HV}+\underline{Z}_{PWR}}$	(3-3)
CSCI	$1+\dfrac{v \cdot \underline{Z}_{PWR}}{\underline{Z}_{HV}+\underline{Z}_{PWR}}$	(3-4)
VSCI	$1+v \cdot \dfrac{\underline{Z}_{HV} \cdot \underline{Z}_{PWR}}{\underline{Z}_{HV}+\underline{Z}_{PWR}}$	(3-5)

Für eine genauere Analyse des Zusammenhangs zwischen $\underline{Z}_{HV}$ bzw. $\underline{Z}_{PWR}$ und der resultierenden Einfügedämpfung der Filtertopologien sind die Gleichungen in Abbildung 3.4 über der Frequenz dargestellt. Die Frequenzgänge beinhalten die gemessenen Impedanzverläufe von $\underline{Z}_{HV}$ und $\underline{Z}_{PWR}$ aus Abbildung 3.2a als Berechnungsgrundlage. Zur Vergleichbarkeit ist für alle Topologien ein über der Frequenz konstantes Verstärkungsverhältnis von $v = 10$ angenommen. Markant ist, dass die CSVI-Topologie bei gegebenem v nahezu keine Einfügedämpfung erreicht. VSVI und CSCI erreichen mit 27 dB in etwa ähnliche maximale Dämpfungswerte, jedoch ist deren Frequenzverhalten genau umgekehrt. Der CSCI-Filter eignet sich für die Entstörung unterhalb von 1 MHz und der VSVI-Filter oberhalb von 1 MHz. Auch beim VSCI-Filter ist kein konstanter Frequenzgang erkennbar. Generell existieren im Frequenzverlauf des VSCI-Filters jedoch keine Abschnitte mit einer Dämpfung von 0 dB oder weniger. Mit einer maximalen Dämpfung von $IL \geq 60$ dB bei 1 MHz bzw. 19 MHz können theoretisch hohe Dämpfungswerte erzielt werden.

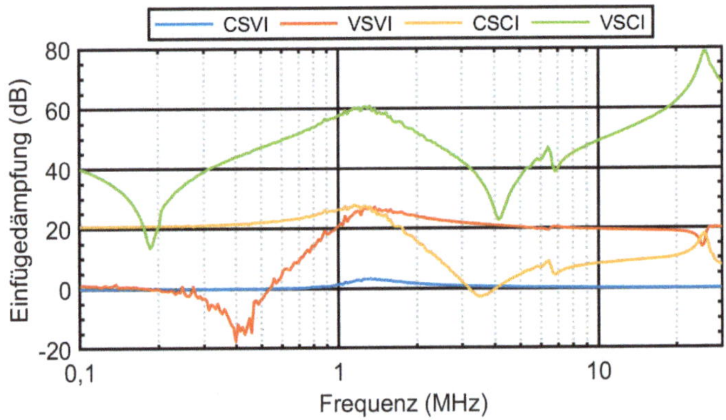

Abbildung 3.4: Berechnung der Einfügedämpfung auf Basis der Netzwerke aus Abbildung 3.3 für einen Verstärkungsfaktor von $v = 10$ und die gemessenen Impedanzverläufe von $\underline{Z}_{HV}$ und $\underline{Z}_{PWR}$

Anhand der Frequenzverläufe der Einfügedämpfung eignen sich für die weitere Betrachtung vor allem CSCI- und VSCI-Topologie. Sowohl CSVI- als auch VSVI-Topologie eigenen sich nicht zur Entstörung im Frequenzbereich unterhalb von 1 MHz. Aufgrund der hohen Dämpfung im vorliegenden System wird die VSCI-Topologie zur Realisierung des Demonstrators gewählt.

An dieser Stelle sei angemerkt, dass sich die gezeigten Einfügedämpfungen nicht zur Vorhersage der tatsächlichen Dämpfung des Filters im System eignen. Für diesen Zweck sind erheblich komplexere Modellbeschreibungen, wie beispielsweise in [61], notwendig. Es wurden weder Ein- noch Auskopplung bzw. das Frequenzverhalten des Verstärkers berücksichtigt. Die gezeigte Vorgehensweise ist eine Abschätzung zum bestmöglichen Fall, somit wird der erwartete Frequenzgang bei allen Topologien erheblich zum negativen von Abbildung 3.4 abweichen.

Es lässt sich aber generell bewerten, ob eine Topologie unter bestimmten Impedanzverhältnissen funktionieren kann oder nicht. Für eine grobe Vorselektion ist dieses Vorgehen damit geeignet.

Da sich aktive Filter mit Feedforward Topologie durch den Verstärkungsfaktor von ‚1' vor allem für den höheren Frequenzbereich als geeignet erwiesen haben und die Filterwirkung stark durch die Bauteilstreuung limitiert ist, wird diese Variante aktiver Filter nicht weiter betrachtet. Die hohen Anforderungen an die Genauigkeit der Bauteile, um eine geforderte Dämpfung zu garantieren, stellen für die kosteneffiziente Großserienfertigung im Fahrzeug erhebliche Nachteile dar. Zudem lassen sich passive Filter für denselben Frequenzbereich kompakt und kosteneffizient aufbauen, was den Vorteil aktiver Filter weiter schmälert.

3.2   Auslegung und Aufbau des Hybridfilters

Nachdem die Topologie des aktiven Filterteils festgelegt wurde, kann mit der Auslegung des Hybridfilters begonnen werden. Das Auslegungsverfahren des Hybridfilters erfolgt nach [77] beginnend mit der Entwicklung der aktiven Filterstufe. Den Schaltplan der aktiven Filterstufe zeigt Abbildung 3.5 für die Traktionsleitung *HV+*. Die identische Hardware wird ebenfalls in die *HV-* Leitung eingefügt. Die aktive Filterstufe ist als invertierender Komplementärverstärker aufgebaut. Um einen ausreichenden Spannungshub des Verstärkers gewährleisten zu können, wird ein Operationsverstärker mit einer Versorgungsspannung von ± 15 V_{DC} gewählt. Dieser liefert einen maximalen Ausgangsstrom von I_{Out} = 100 mA [78]. Für Konverter höherer Leistung wird aufgrund dieses geringen Stroms auf eine zusätzliche Verstärkerstufe zur Erhöhung des Ausgangsstroms zurückgegriffen [41], [61], [71]. Folglich wird ein bipolarer Komplementärverstärker als Leistungsverstärker verwendet. Die verbauten Leistungs-Bipolartransistoren bieten jedoch nur geringe Stromverstärkungswerte, weshalb eine Darlingtonkonfiguration zur Erhöhung der Stromverstärkung des Leistungsverstärkers gewählt wurde [59]. Die Einzelverstärkung der Bipolartransistoren ist auf einen Faktor von 10 ausgelegt, womit sich bei einem GBP von 40 MHz [79] eine Kleinsignalbandbreite der Komplementärstufe von etwa 4 MHz ergibt.

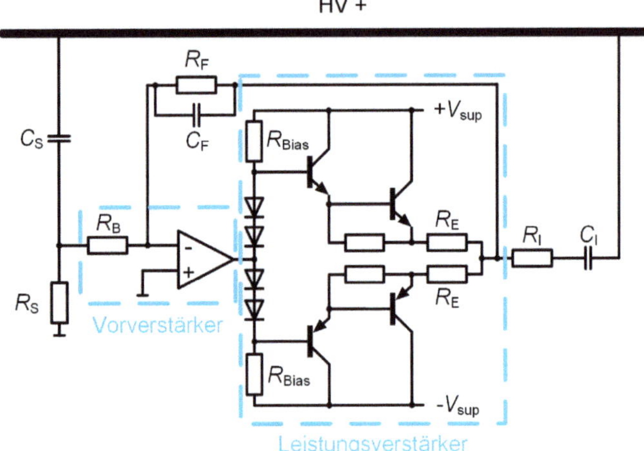

Abbildung 3.5: Schaltplan der aktiven Filterstufe an *HV+*

Die Widerstände R_E ermöglichen eine Kompensation des Temperaturdrifts der Transistorstufe. Zur Vermeidung von Schwingungen des Verstärkers wird eine Auflösung einer doppelten Polstelle in der aufgetrennten Regelschleife nach [61] durchgeführt. Über die Kombination aus R_F und C_F lässt sich die Stabilität des Verstärkers bei hohen Schleifenverstärkungen erhöhen [61]. Die Auskopplung der Störspannung auf der Traktionsleitung erfolgt über einen RC-Hochpass, bestehend aus C_S und R_S. Die Grenzfrequenz des Hochpass wird mit $f_{g,Sense}$ = 18 kHz etwa eine Dekade unterhalb der geringsten normrelevanten Frequenz von 150 kHz gewählt. Zur Messung des Ausgangsstroms ist in der Einkopplung neben der Injektionskapazität C_I ein Shuntwiderstand R_I von einigen Milliohm vorgesehen.

Im Anschluss an die Dimensionierung der aktiven Filterstufe erfolgt die Auswahl und Dimensionierung der passiven Filterstufe. Hierzu ist in Abbildung 3.6b eine Messung der Gleichtaktspannung im Zeitbereich an den Eingangsklemmen des PWRs ohne jegliche Filterelemente dargestellt. Die Spannungsmessung erfolgt im Zeitbereich auf den HV-Leitungen gegenüber der Referenzmasse, wie in Abbildung 3.6a schematisch dargestellt. Durch Kombination der beiden Zeitverläufe kann die Gleichtaktspannung $u_{CM}(t)$ ermittelt werden. Der PWR wird bei einem Modulationsgrad von $m = 0$ und einer Zwischenkreisspannung von U_{DC} = 300 V betrieben. Die Messung zeigt den Störpuls eines Schaltvorgangs der Phasenabgänge. Ohne passive Filterelemente muss mit Spannungsspitzen von bis zu 250 V gerechnet werden.

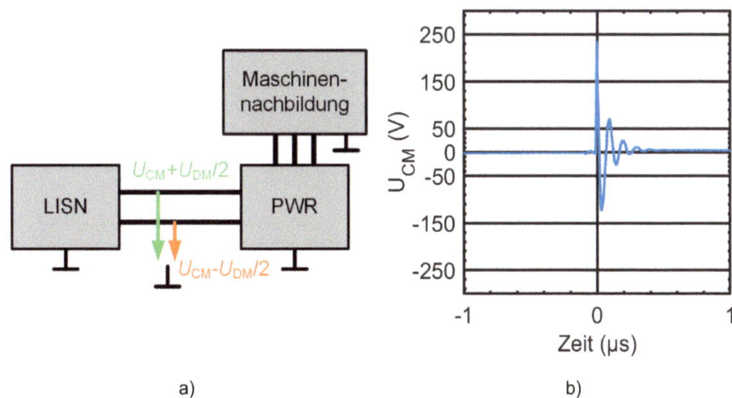

Abbildung 3.6: Messung der Gleichtaktspannung an den Eingangsklemmen des PWR ohne Filterelemente, a) Messpunkte der Spannungsmessung, b) Verlauf von $u_{CM}(t)$

Um die Störpulse auf ein für den aktiven Filterteil verträgliches Maß zu reduzieren, wird ein Hybridfilteraufbau, wie in Abbildung 3.7 dargestellt, verwendet. Dabei reduziert die passive Filterstufe die Störpulse im oberen Frequenzbereich des Hybridfilters soweit, dass die aktive Filterstufe nicht übersteuert wird. Diese unterdrückt anschließend den unteren Frequenzbereich. Der Übergangsbereich zwischen passiver und aktiver Filterstufe hängt von der erreichbaren Bandbreite des aktiven Teils ab. Die Grenzfrequenz des passiven Filters kann auf die des aktiven Filters abgestimmt werden, um im Übergangsbereich eine ausreichend hohe Dämpfung zu erzielen. Dieser Übergangsbereich wird bei 1 MHz gewählt, unterhalb der Kleinsignalbandbreite der Komplementärverstärkerstufe.

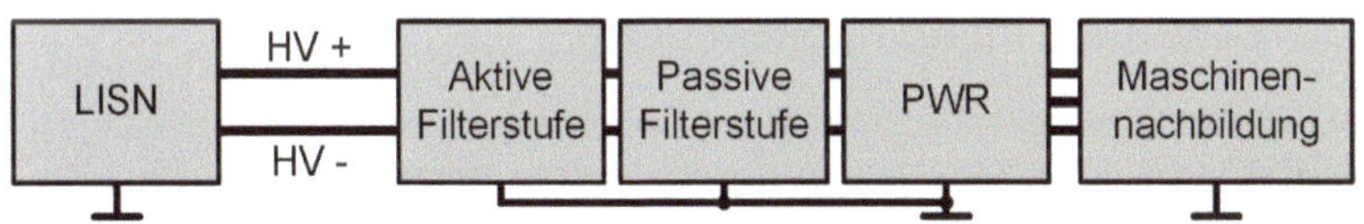

Abbildung 3.7: Blockschaltbild der Hybridfilteranordnung

Den Einfluss einer passiven Filterstufe auf die Störspannung zeigt Abbildung 3.8. Die passive Filterstufe in Abbildung 3.8a ist als einfaches LC-Filter aufgebaut. Die Dimensionierung orientiert sich in diesem Beispiel an keinem Grenzwert, sondern ist auf den Übergangsbereich der aktiven NF[31]-Filterstufe und der passiven HF-Filterstufe ausgerichtet. Die Grenzfrequenz des passiven Filterteils liegt mit 76 kHz etwas mehr als eine Dekade unterhalb des Übergangsbereichs bei 1 MHz.

---

[31] NF: Niederfrequenz (engl. Low frequency), hier f < 1 MHz

Diese kompakt dimensionierte Filterstufe hat einen deutlichen positiven Einfluss auf die Gleichtaktstörspannung in Abbildung 3.8b. Die Störspannung wird im Maximum von 250 V auf 14 V reduziert und liegt somit im Dynamikbereich des aktiven Filterteils.

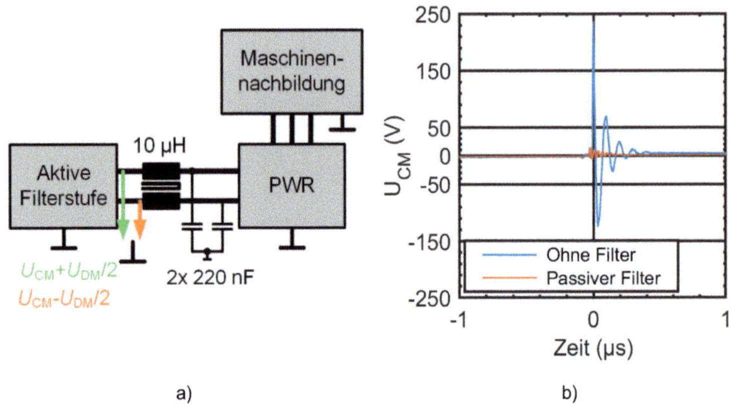

Abbildung 3.8: Messung der Gleichtaktspannung an den Eingangsklemmen der passiven Filterstufe des PWR, a) Messpunkte in Detaildarstellung des passiven Filters, b) Zeitverlauf der Gleichtaktspannung $u_{CM}(t)$

Mit dieser Dimensionierung kann der Hybridfilter im Komponententest am PWR evaluiert werden. Die Auslegung berücksichtigt noch keine Grenzwertanforderung für den PWR. Neben der aktiven Filterstufe wird auch die passive Filterstufe auf eine mögliche Überdimensionierung durch die entstandenen Minimalanforderungen untersucht.

3.3   Bewertung im Komponententest

Die Bewertung des Hybridfilters erfolgt in Anlehnung an den Komponententest für geschirmte Hochvoltkomponenten aus der CISPR 25 [2]. Der generelle Aufbau des Komponententests wurde bereits in Abschnitt 2.1 erläutert. Der Hybridfilter wird direkt mit den Eingangsklemmen des PWRs verbunden. Die 12 V-Spannungsversorgung erfolgt durch ein externes, lineargeregeltes Netzteil. Die Störspannung an der Netznachbildung wird auf beiden Traktionsleitungen erfasst, ein Leistungssplitter ermöglicht die Messung der Gleichtaktstörspannung. Das Messsignal wird mit einem Zeitbereichsmessempfänger aufgezeichnet. In Abbildung 3.9 ist der Messaufbau als Blockschaltbild dargestellt. Die Messung erfolgt im CISPR 25 relevanten Frequenzband von 150 kHz bis 30 MHz, bewertet wird der Mittelwert über einer Messdauer von 50 ms. Die genauen Empfängereinstellungen sowie die verwendeten Messmittel sind in Anhang B aufgelistet.

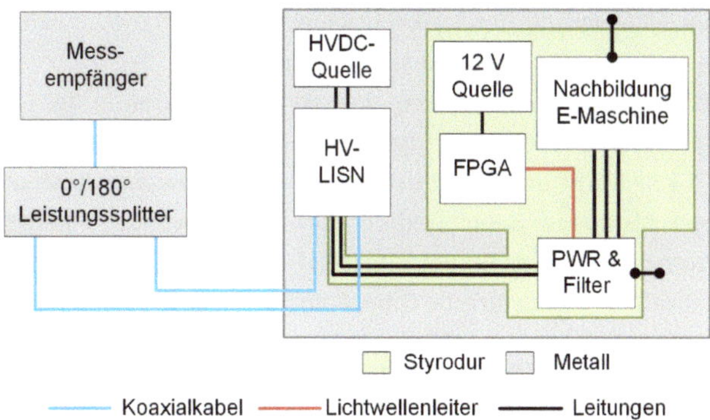

Abbildung 3.9: Blockschaltbild des Messaufbaus in Anlehnung an [2] mit Hybridfilter und Leistungssplitter

Der Hybridfilter wird auf eine modulare Plattform zur Filtererprobung montiert. Die Montage zeigt Abbildung 3.10. Die Aluminiumträgerplatte wird mit dem Kühlkörper des PWRs leitfähig verbunden und dient somit als Referenzmasse für die Filterbauteile. Die Leiterplatten der Filterbauteile werden untereinander mit Stromschienen verbunden, auf welche ein nanokristalliner Ringbandkern als Einwindungs-Gleichtaktdrossel aufgebracht wird.

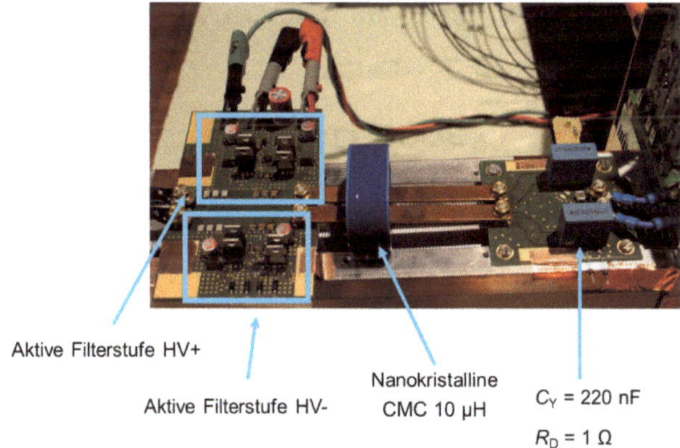

Abbildung 3.10: Bild des Hybridfilters zwischen den Versorgungsanschlüssen $HV\pm$ (links) und dem PWR (rechts)

Die Bewertung der Filterperformance erfolgt in zwei Schritten, um eine Vergleichbarkeit von verschiedenen Varianten zu garantieren. Im ersten Schritt wird der Hybridfilter im passiven Filterbetrieb bewertet. Dabei wird einerseits die Filterdämpfung der passiven Filterstufe erkennbar und andererseits der Einfluss der zusätzlichen Bauteile des aktiven Filterteils berücksichtigt. Diese bringen auch ohne den aktiven Betrieb des Filters eine gewisse passive Filterwirkung mit sich.

Die passive Filterwirkung der Injektionskapazitäten wird zwar durch den Ausgangswiderstand R_E der Verstärkerstufen eingeschränkt, dies zu unterschlagen führt jedoch zu einer Überschätzung des aktiven Filterteils. In der Literatur ist diese Vergleichbarkeit häufig nicht nachvollziehbar gegeben. Im passiven Filterbetrieb ist die aktive Filterstufe mit den Traktionsleitungen verbunden und stromlos betrieben. Als zweiter Schritt wird der Einfluss des hybriden Filterbetriebs als Vergleich zum rein passiven Betrieb ermittelt. Bei dieser vergleichenden Messung kann ausschließlich die zusätzliche Dämpfung durch den aktiven Betrieb bewertet werden, wie beispielsweise in [65] gezeigt wurde.

Die Vergleichsmessung für den passiven Betrieb des Hybridfilters ist in Abbildung 3.11 dargestellt. Der passive Filter ist so ausgelegt, dass er seine Maximaldämpfung von ca. 55 dB bei 1 MHz erreicht. Unterhalb von 1 MHz nimmt die Filterdämpfung stark ab. Für den Frequenzbereich unterhalb von 400 kHz reduziert sich die Dämpfung auf ca. 20 dB mit einem Minimum bei 300 kHz. Dieses Minimum der Filterdämpfung fällt genau in den LW Grenzwertbereich, was durch die aktive Filterstufe kompensiert werden muss. Die aktuelle Filterauslegung reicht nicht aus, um den LW oder den MW Grenzwert einzuhalten. Die Dimensionierung des passiven Filters auf die Minimalanforderungen der aktiven Filterstufe führt in diesem Aufbau zu keiner Überdimensionierung und kann bei Bedarf angepasst werden.

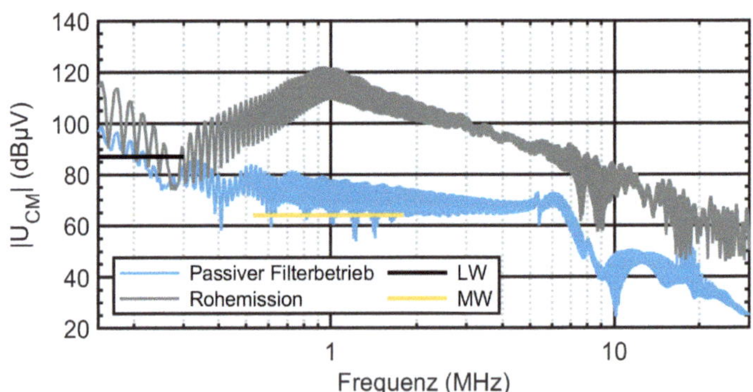

Abbildung 3.11: Leitungsgeführte Gleichtaktspannung des PWR ohne Filterelemente (Rohemission) und mit Hybridfilter im passiven Betrieb

Der aktive Betrieb des Hybridfilters wird anhand von Abbildung 3.12 bewertet. Im Vergleich zum passiven Betrieb kann die Überschneidung der beiden Frequenzbereiche gut erkannt werden. Bedingt durch die Kleinsignalbandbreite der Verstärkerstufe wird im aktiven Betrieb eine zusätzliche Dämpfung bis 3 MHz erreicht. Gerade im LW Bereich kann die aktive Filterstufe die Dämpfung um 20 dB bis 25 dB erhöhen und den notwendigen Anteil der Dämpfung zur Erreichung des Grenzwerts beitragen. Die aktive Filterstufe kann somit die Auslegung der passiven Filterstufe im Frequenzbereich unterhalb von 1 MHz signifikant unterstützen. Durch den zunehmenden Phasenfehler des aktiven Filters, oberhalb der Transitfrequenz f_t der Transistoren, erhöht sich das Spektrum ab 3 MHz um ca. 4 dB [77]. Im Vergleich zur Rohemission erreicht der Hybridfilter dennoch eine Dämpfung von mindestens 15 dB bei 6 MHz. Damit der Hybridfilter die Grenzwertanforderungen für den MW Bereich einhält, müsste die passive Filterstufe angepasst werden.

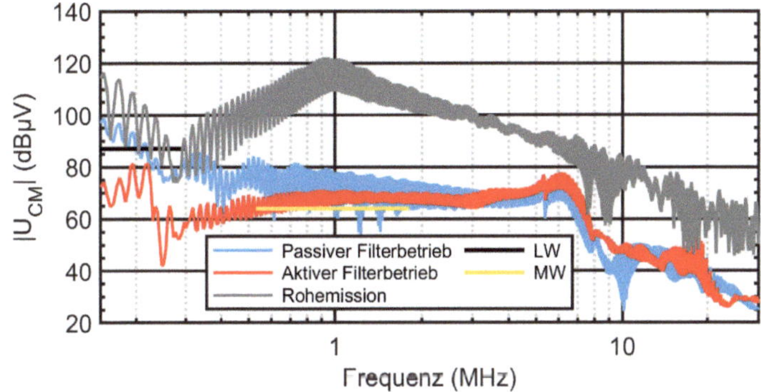

Abbildung 3.12: Leitungsgeführte Gleichtaktspannung des PWR ohne Filterelemente (Rohemission), mit passivem Filterteil und Hybridfilter im aktiven Betrieb

3.4 Fazit und Grenzen des entwickelten Hybridfilters

In diesem Abschnitt konnte gezeigt werden, dass konventionelle Hybridfilter mit analoger Verstärkertechnik durch geeignete Anpassungen an der Verstärkerstufe auch für höhere Leistungsklassen ertüchtigt werden können. Der schaltungstechnische Aufwand für die notwendigen Verstärkerstufen wächst dabei mit dem zu erreichenden Spannungslevel an. Um den vorliegenden Hybridfilter auf DC-Spannungsebenen von 800 V einsetzen zu können, muss die Verstärkerstufe deutlich überarbeitet und erweitert werden. Für eine ausreichend hohe Kompensationsspannung werden Verstärkerbauteile mit höherer Betriebsspannung benötigt, was die Hardwarerealisierung deutlich komplexer gestaltet. Unter diesem Gesichtspunkt muss der Realisierungsaufwand gegenüber dem Nutzen, in Hinblick auf eine hybride oder rein passive Filterlösung, abgewogen werden.

Die vom Prototyp erreichte Dämpfung von 20 – 25 dB deckt sich mit den Literaturwerten von 20 – 30 dB. Über aufwändigere Realisierungen konnten teilweise höhere Dämpfungswerte erzielt werden [15], der Bauteilaufwand dieser Varianten liegt jedoch nochmals höher. Diese Nachteile in der Realisierung haben zur Entwicklung eines alternativen Verfahrens zur Entstörung von leistungselektronischen Komponenten geführt, welches in den folgenden Abschnitten vorgestellt und validiert wird.

4 Integration von Schaltinformationen zur Störunterdrückung

In Abschnitt 2.2 wurde dargestellt, dass das Auftreten der Störimpulse im Gleichtakt zeitlich mit den Schaltvorgängen der Leistungshalbleiter korreliert. Dieser Zusammenhang wird im folgenden Abschnitt für die Entwicklung eines neuen Konzepts, der sogenannten prädiktiven Pulskompensation, angewendet. Dabei wird im ersten Teil des Kapitels die Pulskompensation basierend auf den bisherigen Erkenntnissen auf dem Gebiet der aktiven EMV-Filter eingeführt. Anschließend wird ein theoretischer Modellierungsansatz für die Pulskompensation vorgestellt.

4.1 Gegenkopplung der Schaltsignale

Das Verfahren der Gegenkopplung von Schaltsignalen zur Gleichtaktentstörung von Leistungselektronik wurde von Biskoping et al. an einem einphasigen Vollbrücken-Wechselrichter vorgestellt [22]. Die Gleichtaktunterdrückung wird erreicht, indem die Gate-Signale der Low-Side MOSFETs einer Vollbrücke über Injektionskapazitäten an deren Ausgangsklemmen eingeprägt werden. Es konnte ein Verfahren zur Auslegung der Gegenkopplung vorgestellt und erste positive Emissionsmessergebnisse erzielt werden. Bezogen auf das Kommutierungsverhalten verschiedener leistungselektronischer Komponenten lässt sich dieses Verfahren nicht 1:1 übersetzen. Wie später gezeigt wird, hängt die Kommutierung und damit auch die Gleichtaktstörung beim PWR je nach Richtung des Ausgangsstroms entweder vom High-Side oder vom Low-Side Schalter einer Halbbrücke ab. Daher kann im Allgemeinen nicht immer ausschließlich das Low-Side oder High-Side Gate-Signal zur Kompensation verwendet werden. Mit der prädiktiven Pulskompensation wird ein Verfahren vorgestellt, dass ebenso die Schaltsignale der MOSFETs reproduziert, jedoch nicht durch unterschiedliche Kommutierungsmuster eingeschränkt wird.

Die prinzipielle Idee der Pulskompensation wird anhand eines Tiefsetzstellers hergeleitet. In Abschnitt 2.2.2 ist gezeigt, dass die Gleichtaktstörung beim Tiefsetzsteller mit dem Potentialwechsel am Source-Anschluss des schaltenden MOSFET korreliert. In Abbildung 4.1 liegt an diesem springenden Knoten A die Spannung $\underline{U}_{CA}$ gegenüber der Referenzmasse an. Der Störstrom im Netzwerk wird als Verschiebungsstrom $\underline{I}_{CM}$ über der parasitären Kapazität C_A eingeprägt und schließt sich über die LISNs und die HV-Leitungen bzw. über parasitäre Kapazitäten $C_{TN\pm}$ am Zwischenkreis. Analog zu [22] soll ein geeignetes Kompensationssignal $\underline{I}_{Komp}$ über die Kapazitäten $C_{Inj\pm}$ auf die HV-Leitungen eingeprägt werden. Dabei wird angenommen, dass $C_{Inj} > C_A$ gilt. Da die CM-Impedanz des Tiefsetzstellers im Vergleich zur Eingangsimpedanz der Netznachbildung (etwa 25 Ω für den Gleichtakt [2]) hoch ist, schließt sich der Kompensationsstrom größtenteils über die LISNs. Auf den HV-Leitungen bzw. den Messabgriffen der LISNs überlagern sich $\underline{I}_{CM}$ und $\underline{I}_{Komp}$ destruktiv, was letztlich zu einer Reduzierung der Störspannung führt. Die Spannungspulse der Kompensationsspannung $\underline{U}_{Komp}$ und die Störanregung $\underline{U}_{CA}$ müssen aufgrund der Maschenregel dabei die gleiche Polarität aufweisen.

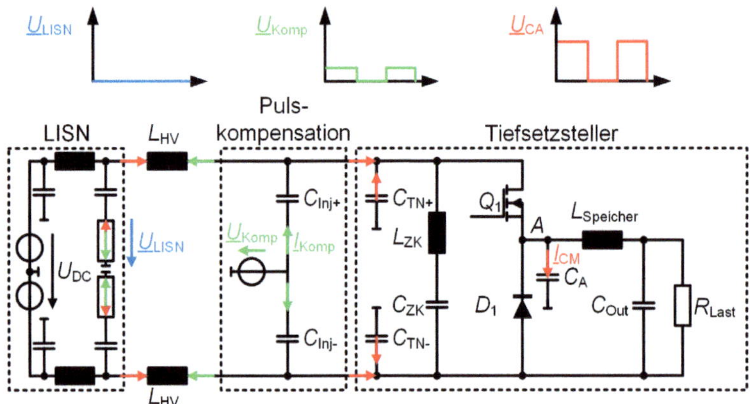

Abbildung 4.1: Netzwerk des Tiefsetzsteller im Komponentenaufbau mit Pulskompensation als idealer Quelle

Dieses einfach beschriebene Verfahren kann hinsichtlich der Spannungsamplitude und der notwendigen Synchronisation zwischen $\underline{U}_{Komp}$ und $\underline{U}_{CA}$ detailliert modelliert werden. Zudem erlaubt eine solche Modellierung die Berücksichtigung unterschiedlicher Anstiegszeiten t_{rise} und t_{fall} der Spannungen $\underline{U}_{Komp}$ und $\underline{U}_{CA}$.

4.2   Modellierung des Ansatzes

Die Modellierung der Pulskompensation erfolgt in zwei Abschnitten anhand des prototypischen Tiefsetzstellers. Das hergeleitete Vorgehen kann anschließend direkt auf den PWR übertragen werden. Im ersten Abschnitt wird die Übertragungsfunktion zwischen Störanregung und notwendigem Kompensationspuls ermittelt. Anhand der Übertragungsfunktion lässt sich einerseits die notwendige Amplitude des Kompensationspulses bestimmen und andererseits die maximal erzielbare Bandbreite der Pulskompensation in der Applikation abschätzen. Im zweiten

Schritt wird die erreichbare Filterwirkung anhand der zeitlichen Synchronisation und der eingestellten Pulsform bestimmt. Mit Hilfe dieses Modellierungsansatzes können in der Entwicklung in umgekehrter Richtung die notwendigen Randbedingungen für die Zeitsynchronisation zwischen Schaltsignal und Kompensationspuls festgelegt werden.

4.2.1 Ermittlung des notwendigen Kompensationspulses

Basierend auf dem in Kapitel 2.1 vorgestellten Komponententest kann ein einfaches Gleichtaktersatzschaltbild für den Aufbau des Tiefsetzstellers erstellt werden. Da große Teile des praktischen Versuchsaufbau aus [29] und [11] übernommen sind, wird der dort vorgestellte Modellierungsansatz durch Ersatznetzwerke auf den Tiefsetzsteller adaptiert. Das funktionale Ersatznetzwerk zur Modellierung ist in Abbildung 4.2 zu sehen. Für den Zusammenhang zwischen Kompensationspuls und Störanregung müssten die Ströme $\underline{I}_{CM}$ und $\underline{I}_{Komp}$ gegenphasige Verläufe identischer Kurvenform aufweisen.

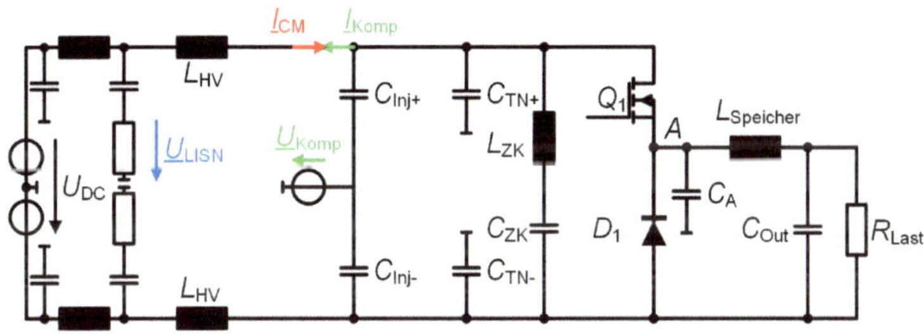

Abbildung 4.2: Funktionales Ersatznetzwerk des Tiefsetzstellers mit Pulskompensation

Da die ideale Kompensationsspannung $\underline{U}_{Komp}$ ermittelt werden soll, ist ein Zusammenhang zwischen der Störanregung und $\underline{U}_{Komp}$ gesucht. Über die Spannungsverhältnisse am Knoten B kann dieser Zusammenhang hergeleitet werden.

Für den Fall einer reinen Gleichtaktmodellierung lässt sich der Tiefsetzsteller in deutlich vereinfachter Form darstellen. Die Spannung am Knotenpunkt A kann vereinfachend als abhängig von der Drain-Source Spannung des MOSFET Q_1 angenommen werden. Dabei wird die Diodencharakteristik der Diode D_1 während der Schaltvorgänge vernachlässigt. Mit diesen Vereinfachungen kann der MOSFET Q_1 durch die Störquelle $\underline{U}_{CM}$ ersetzt werden. Des Weiteren wird die Annahme getroffen, dass die HV-Leitungen L_{HV} die Netznachbildung im Frequenzbereich oberhalb der Schaltfrequenz von $f_c = 50$ kHz ideal vom Tiefsetzsteller entkoppeln. Somit können L_{HV} und die Komponenten der Netznachbildung ebenfalls vernachlässigt werden. Unter den getroffenen Annahmen kann das vereinfachte Ersatznetzwerk für die Gleichtaktstörung erstellt werden, welches in Abbildung 4.3 dargestellt ist. Die Speicherdrossel entkoppelt aufgrund der hohen Induktivität von $L_{\text{Speicher}} = 320\ \mu\text{H}$ den Lastkreis von der Gleichtaktanregung.

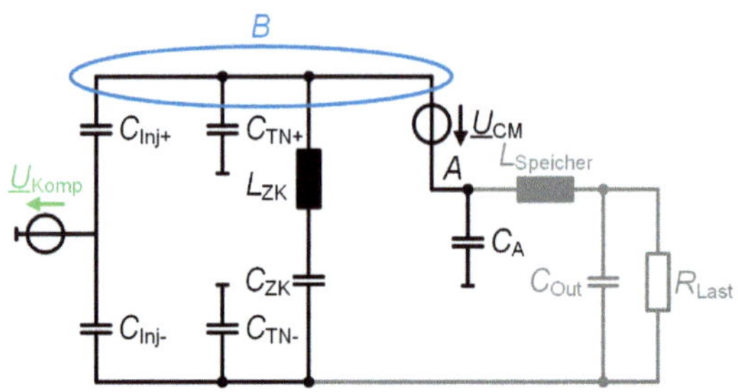

Abbildung 4.3: Vereinfachtes Gleichtakt-Ersatznetzwerk des Tiefsetzstellers

Bedingt durch die verhältnismäßig große Kapazität des Zwischenkreiskondensators C_{ZK} kann dieser im betrachteten Frequenzbereich von 10 kHz bis 30 MHz als Kurzschluss für den Gleichtaktstrom angesehen werden [34]. Mit einer Kapazität von $C_{\text{ZK}} = 22\ \mu\text{F}$ weist der Zwischenkreis mit etwa 700 mΩ schon ab 10 kHz ein relativ niederohmiges Verhalten auf. Folglich sind sowohl die beiden Kondensatoren $C_{\text{TN}\pm}$ als auch die beiden Zweige des Kompensationskreises parallelgeschaltet und können in jeweils einer Ersatzkapazität zusammengefasst werden. Das resultierende, einphasige Ersatznetzwerk des Gleichtaktstörpfads zeigt Abbildung 4.4. Die Kapazitäten $C_{\text{Inj}\pm}$ und $C_{\text{TN}\pm}$ werden aufgrund der Parallelschaltung verdoppelt.

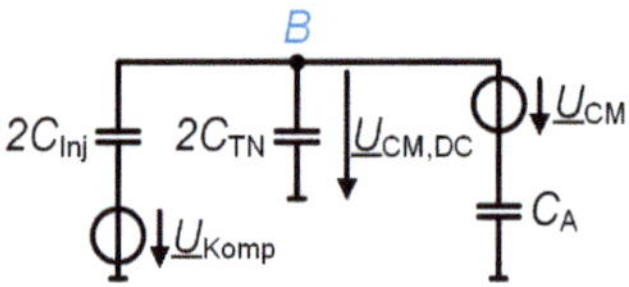

Abbildung 4.4: Einphasiges Ersatznetzwerk der Gleichtaktstörung mit allen Vereinfachungen

Die Spannung am Knoten B wird als $U_{\text{CM,DC}}$ definiert. Mit Hilfe des Superpositionsprinzips lassen sich die Übertragungsfunktion $\underline{G}_1(f)$ von $\underline{U}_{\text{CM}}$ zu $\underline{U}_{\text{CM,DC}}$ nach (4-1) bzw. $\underline{G}_2(f)$ von $\underline{U}_{\text{Komp}}$ zu $\underline{U}_{\text{CM,DC}}$ nach (4-2) berechnen. Aufgrund der Vereinfachungen liegt im betrachteten Frequenzbereich eine rein kapazitive Schaltung vor. Solange der Einfluss von parasitären Induktivitäten im Aufbau vernachlässigbar bleibt, sind die Übertragungsverhältnisse $\underline{G}_1$ und $\underline{G}_2$ unabhängig von der Frequenz.

$$\underline{G}_1 = \frac{\underline{U}_{\text{DC,CM}}}{\underline{U}_{\text{CM}}} \tag{4-1}$$

$$\underline{G}_2 = \frac{\underline{U}_{DC,CM}}{\underline{U}_{Komp}} \tag{4-2}$$

Die Übertragungsfunktionen (4-1) und (4-2) können mit Hilfe der Spannungs-teilerregel in Abhängigkeit der vorhandenen Kapazitäten C_A, C_{TN} und C_{Inj} ausge-drückt werden.

$$\underline{G}_1 = \frac{\underline{U}_{DC,CM}}{\underline{U}_{CM}} = \frac{C_A}{2 \cdot C_{Inj} + 2 \cdot C_{TN} + C_A} \tag{4-3}$$

$$\underline{G}_2 = \frac{\underline{U}_{DC,CM}}{\underline{U}_{Komp}} = \frac{2 \cdot C_{Inj}}{2 \cdot C_{Inj} + 2 \cdot C_{TN} + C_A} \tag{4-4}$$

Durch Einsetzen von (4-3) in (4-4) ergibt sich die gesuchte Übertragungsfunktion $\underline{G}$ zu (4-5).

$$\underline{G} = \frac{\underline{U}_{Komp}}{\underline{U}_{CM}} = \frac{C_A}{2 \cdot C_{Inj}} \tag{4-5}$$

Somit zeigt sich, dass die notwendige Kompensationsspannung $\underline{U}_{Komp}$ innerhalb der getroffenen Vereinfachungen frequenzunabhängig und direkt proportional zur Spannung $\underline{U}_{CM}$ und damit zur Störanregung ist. Um die getroffenen Vereinfachun-gen zu validieren wird die Übertragungsfunktion ebenfalls in zwei Teilübertra-gungsfunktionen mit einem vektoriellen Netzwerkanalysator vermessen. Abbildung 4.5 zeigt die messtechnische Umsetzung als Ersatzschaltbild der An-ordnung. Die Entkopplung zu den LISNs erfolgt über die Induktivität $L_{HV} = 10\ \mu H$, welche ausreicht um die getroffene Annahme aus der analytischen Berechnung zu erfüllen (vgl. Abbildung 4.8a). Zur Ermittlung der Übertragungsfunktion $\underline{G}_1(f)$ wird der Port $P1$ mittels eines HF-Übertragers vom Massepotential entkoppelt. Die Übertragungsfunktion lässt sich, wie in Abbildung 4.5a dargestellt, zwischen den Ports $P1$ und $P2$ des VNAs[32] messen. Der Messabgriff an den Injektions-kapazitäten wird in dieser Messung kurzgeschlossen. Die Übertragungsfunktion $\underline{G}_2(f)$ kann massebezogen zwischen den Ports $P3$ und $P2$ ermittelt werden, wie in Abbildung 4.5b gezeigt. In diesem Fall ist der Ausgang des HF-Übertragers kurz-zuschließen.

---

[32] VNA: Vektorieller Netzwerkanalysator

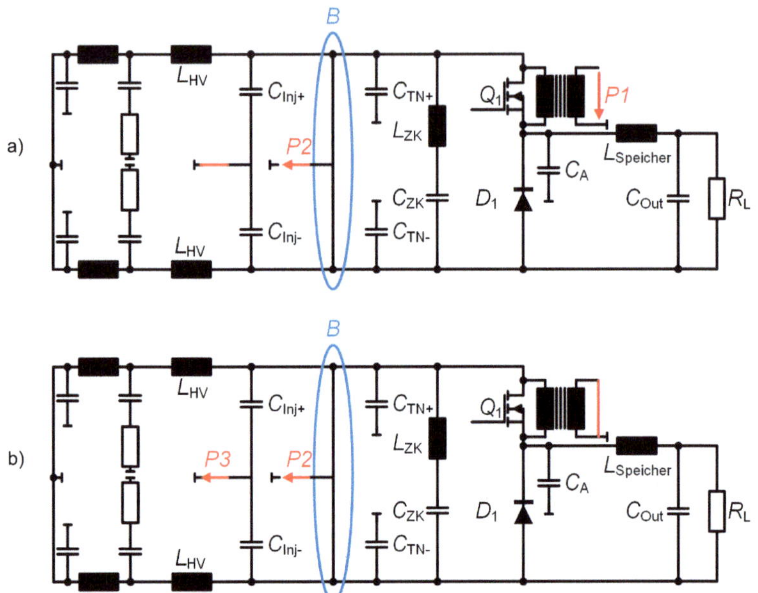

Abbildung 4.5: Messtechnische Validierung der Übertragungsfunktion, a) Messung von $G_1(f)$ und b) Messung von $G_2(f)$

Durch Berechnung der Spannungsübertragungsfunktion aus den Streuparametermessungen kann die gesuchte Übertragungsfunktion $\underline{G}(f)$ ermittelt werden. Die Berechnung der Spannungsübertragungsfunktion ist in Anhang C zu finden. In Abbildung 4.6 ist die Spannungsübertragung der VNA-Messung und der theoretischen Abschätzung über der Frequenz aufgetragen. Die theoretische Abschätzung wird bis 4 MHz aufgetragen. Oberhalb von dieser Frequenz gewinnt der Einfluss parasitärer Größen zunehmend an Bedeutung und die getroffenen Vereinfachungen zur Berechnung verlieren ihre Gültigkeit. Der Vergleich zeigt, dass die berechnete Spannungsübertragung, in Rot, und die messtechnisch ermittelte, in Blau, mit einer Abweichung < 3 dB bis 4 MHz übereinstimmen. Im betrachteten Frequenzbereich ab 10 kHz zeigt sich, dass die getroffenen Vereinfachungen zur Berechnung zulässig sind. Ab 3 MHz nimmt die Abweichung zwischen vereinfachter Berechnung und gemessener Übertragungsfunktion deutlich zu, bei 4 MHz ist eine Abweichung von 3 dB erreicht. Aus der gemessenen Übertragungsfunktion geht zudem hervor, dass die Resonanzstelle bei 7 MHz limitierend für die maximal erreichbare Bandbreite sein wird. Diese Resonanzstelle wird durch parasitäre Induktivitäten in Serie zu C_{Inj} von jeweils ungefähr $L_{Inj} = 56$ nH verursacht. Eine Erhöhung der Bandbreite kann bei perfekter Kompensation dann nur über Anpassungen am Aufbau zur Reduzierung parasitärer Einflüsse auf $\underline{G}(f)$

vorgenommen werden. Die notwendige Amplitude der Kompensationspulse ergibt sich aus dem Spannungsübertragungsverhältnis von -19 dB, was einem Faktor $\underline{U}_{Komp}/\underline{U}_{CM}$ von 1/8,9 entspricht.

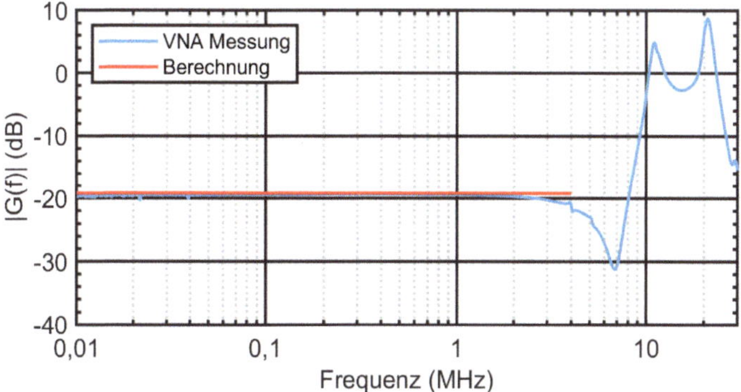

Abbildung 4.6: Vergleich der Übertragungsfunktion zwischen VNA-Messung und analytischer Berechnung

Die ideale Entkopplung des Tiefsetzstellers (in Abbildung 4.7 mit *a)* markiert) vom HV-Bordnetz ist eine getroffene Vereinfachung für die Berechnung von $\underline{G}(f)$. Diese Vereinfachung soll im Folgenden näher analysiert werden. Zusätzlich wird der Einfluss einer C_Y-Filterstufe (mit *b)* markiert) auf die Pulskompensation betrachtet. Da die C_Y-Filterstufe parallel zu den parasitären Kapazitäten $C_{TN\pm}$ liegt, sollten diese im Idealfall keinen Einfluss auf $\underline{G}(f)$ haben (vgl. (4-5)).

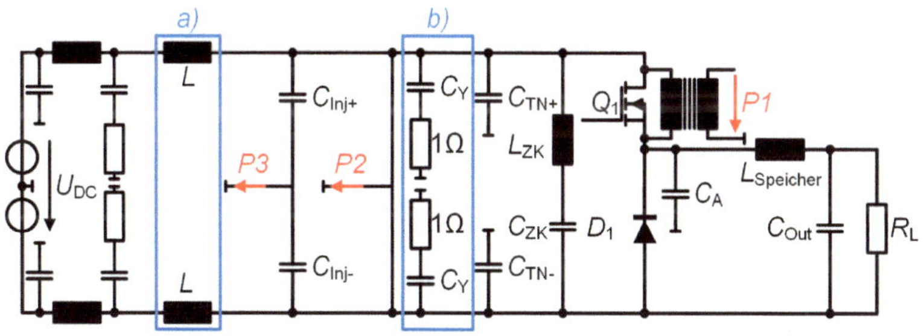

Abbildung 4.7: Einflussparameter auf $\underline{G}(f)$

Die ermittelte Übertragungsfunktion $\underline{G}(f)$ in Abhängigkeit der Entkopplung vom HV-Bordnetz ist in Abbildung 4.8a dargestellt. Der Referenzfall stellt die Messung im Komponententest mit einer Entkopplung von L = 10 µH dar. Der Idealfall für $G(f)$ wäre ein vollständig entkoppeltes HV-Bordnetz, d. h. der Fall eines Leerlaufs

(o. C.[33]) anstatt den beiden Induktivitäten L. Mit sinkender Induktivität im nimmt die Kopplung mit dem HV-Bordnetz zu, was sich im Fall von L = 1 µH unterhalb von 100 kHz deutlich abzeichnet. Im normrelevanten Frequenzbereich ab 150 kHz zeigt sich keinerlei Einfluss der Entkopplung auf $\underline{G}(f)$. Unterhalb davon beeinflusst $\underline{G}(f)$ nur der Fall L = 1 µH in größerem Ausmaß, wobei sich dieser im Bereich von maximal -3 dB bewegt. Somit ist für ein schlecht entkoppeltes System im Frequenzbereich unter 100 kHz mit leicht reduzierter Dämpfung zu rechnen.

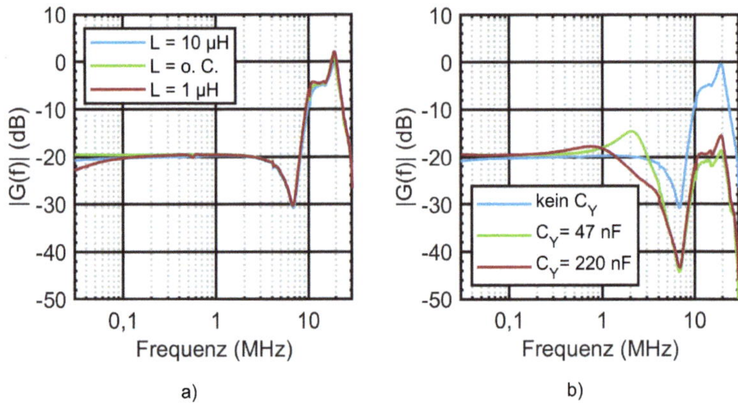

Abbildung 4.8: Übertragungsfunktion $\underline{G}(f)$ in Abhängigkeit von a) Entkopplung des HV-Bordnetzes und b) Zusätzliche C_Y-Kapazität

Eine zusätzliche C_Y-Stufe hat keinen nennenswerten Einfluss auf die Übertragungsfunktion unterhalb von 100 kHz, wie Abbildung 4.8b zeigt. Die zusätzliche Kapazität reduziert jedoch die maximal erreichbare Bandbreite des Filters durch ein Anheben der Übertragungsfunktion im Bereich um 1 MHz. Mit steigender Kapazität rückt die gedämpfte Resonanzstelle zu tieferen Frequenzen. Die Resonanzstelle für $C_Y = 2{\cdot}47$ nF resultiert in einer parasitären Induktivität von $L = 61$ nH im einpoligen ESB. Eine Induktivität dieser Größenordnung kann sich aus parasitären Induktivitäten der Leiterbahnen bzw. der Masseanbindung und der Serieninduktivität der Folienkondensatoren zusammensetzen. Größere C_Y-Kapazitäten machen daher die Pulskompensation anfälliger für parasitäre Induktivitäten und schränken folglich die Bandbreite ein. Es sollte daher auf eine möglichst induktivitätsarme Anbindung der Filterkomponenten an die Leistungselektronik bzw. die Fahrzeugmasse geachtet werden.

---

[33] o. C.: Open Circuit (engl. Leerlauf)

4.2.2 Beschreibung der erreichbaren Filterwirkung

Neben der Ermittlung der Übertragungsfunktion zur Bestimmung der Puls-amplitude und der maximal erreichbaren Bandbreite spielt für die Auslegung des Gesamtsystems die erreichbare Filterdämpfung in Abhängigkeit der Synchronisa-tionsgenauigkeit eine entscheidende Rolle. Die konstante und frequenzunabhän-gige Übertragungsfunktion lässt es zu, die Synchronisation von $\underline{U}_{CM}$ und $\underline{U}_{Komp}$ am Punkt der Einkopplung zu vergleichen. Der Zusammenhang zwischen den beiden Spannungen ist in Abbildung 4.9 dargestellt. Über $\underline{G}(f)$ kann $\underline{U}_{CM}$ auf den Injektionsknoten K skaliert werden. Das skalierte Abbild wird im Folgenden als $\underline{U}'_{CM}$ bezeichnet. Die Synchronisation zwischen $\underline{U}_{Komp}$ und $\underline{U}_{CM}$ kann an diesem Knoten für die weitgehend identischen Pulse verglichen werden.

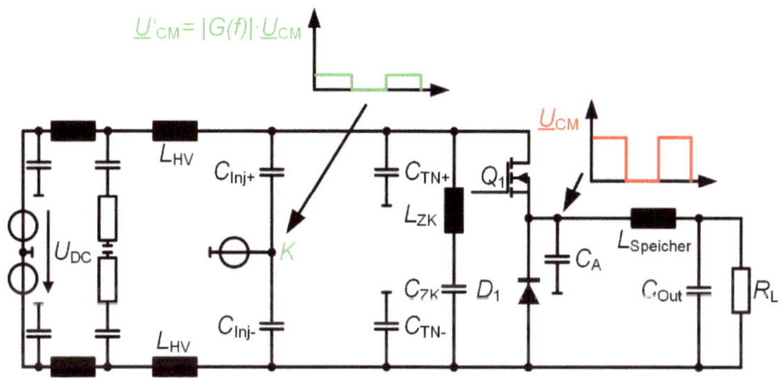

Abbildung 4.9: Skalierung der Störanregung $\underline{U}_{CM}$ auf den Berechnungspunkt der Synchronisation am Injektionsknoten

Die Betrachtung der Synchronisation erfolgt zunächst im Zeitbereich. Sind Kom-pensationspuls $u_{Komp}(t)$ und Schaltpuls $u_{CM}(t)$ nicht ideal synchronisiert, bleibt ein Residualpuls $u_{Res}(t)$ zurück. $u_{Res}(t)$ stellt die verbleibende Störung im Kreis dar und berechnet sich bezogen auf Punkt K zu

$$u_{Res}(t) = u'_{CM}(t) - u_{Komp}(t) \tag{4-6}$$

$u'_{CM}(t)$ stellt dabei die transformierte Größe von $u_{CM}(t)$ dar, die mit der zuvor er-mittelten Übertragungsfunktion G ($G(f)$ im konstanten Bereich bis 4 MHz) skaliert ist. Der Zusammenhang aus (4-6) ist im Zeitbereich in Abbildung 4.10 beispielhaft anhand idealisierter Spannungsverläufe dargestellt. Sowohl die zeitliche Ver-schiebung der Pulse als auch die Flankensteilheit beider Schaltflanken sind bei $u'_{CM}(t)$ und $u_{Komp}(t)$ unterschiedlich. Nach (4-6) ergibt sich der Residualpuls $u_{Res}(t)$. Die Darstellung in Abbildung 4.10 zeigt idealisierte Spannungsverläufe. In der Re-alität sind diesen Pulsen zusätzliche, hochfrequente Schwingungen überlagert. Der Einfachheit halber werden diese parasitären Effekte für die Herleitung der

Filterdämpfung vernachlässigt. Die Auswirkung dieser Vereinfachung wird in Abschnitt 5.3.2 genauer validiert.

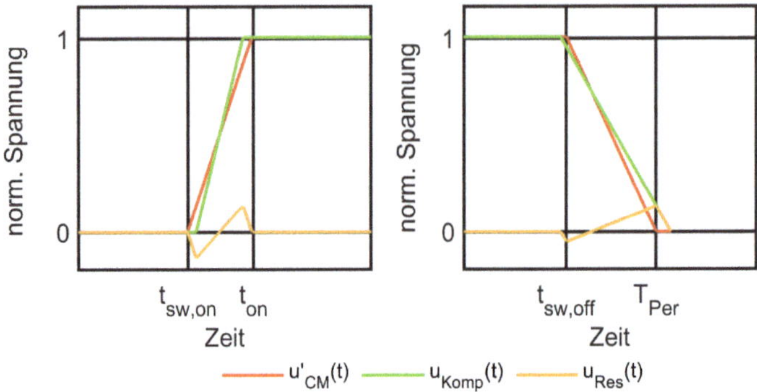

Abbildung 4.10: Vergleich von Kompensationspuls, Störanregung und resultierender Residualspannung; Ausschnitt aus dem Spannungsverlauf

Zur nachfolgenden, allgemeinen Berechnung der Dämpfung werden Zeitpunkte im Spannungsverlauf definiert. In Abbildung 4.10 sind die Definitionen der Zeitpunkte für den Spannungsverlauf von $u'_{CM}(t)$ dargestellt und in Tabelle 4-1 aufgelistet. Der Spannungsverlauf der beiden Spannungen wird für eine Periode betrachtet. Da es sich um einen Tiefsetzsteller mit konstantem Puls-Pausen-Verhältnis handelt, reicht zur mathematischen Beschreibung ein Schaltspiel. Der Übersichtlichkeit halber ist der Startzeitpunkt t_0 der Periode in Abbildung 4.10 nicht dargestellt.

Tabelle 4-1: Definition der Zeitpunkte im Spannungsverlauf

Zeitpunkt	Definition $u'_{CM}(t)$	Definition $u_{Komp}(t)$
t_0	Startzeitpunkt der Periode	Startzeitpunkt der Periode
$t_{SW,on}$	Startzeitpunkt steigende Spannungsflanke $u'_{CM}(t)$	Startzeitpunkt steigende Spannungsflanke $u_{Komp}(t)$
t_{on}	Zeitpunkt Spannung $u_{CM,on}$ erreicht	Zeitpunkt Spannung $u_{Komp,on}$ erreicht
$t_{SW,off}$	Startzeitpunkt fallende Spannungsflanke $u'_{CM}(t)$	Startzeitpunkt fallende Spannungsflanke $u_{Komp}(t)$
T_{off}	Zeitpunkt Spannung $u_{CM} = 0$ V erreicht, Ende der Periode	Zeitpunkt Spannung $u_{Komp} = 0$ V erreicht, Ende der Periode

Mit den genannten Zeitpunkten können $u'_{CM}(t)$ und $u_{Komp}(t)$ als abschnittsweise definierte Funktionen ausgedrückt werden.

$$u_{CM}(t) = \begin{cases} 0,\ t_0 < t < t_{sw,on,CM} \\ m_{rise,CM}\cdot(t\text{-}t_{sw,on,CM}),\ t_{sw,on,CM} \leq t < t_{on,CM} \\ u_{CM},\ t_{on,CM} \leq t < t_{sw,off,CM} \\ m_{fall,CM}\cdot(T_{off,CM}\text{-}t),\ t_{sw,off,CM} \leq t \leq T_{off,CM} \end{cases} \tag{4-7}$$

$$u_{Komp}(t) = \begin{cases} 0,\ t_0 < t < t_{sw,on,Komp} \\ m_{rise,Komp}\cdot(t\text{-}t_{sw,on,Komp}),\ t_{sw,on,Komp} \leq t < t_{on,Komp} \\ u_{Komp},\ t_{on,Komp} \leq t < t_{sw,off,Komp} \\ m_{fall,Komp}\cdot(T_{off,Komp}\text{-}t),\ t_{sw,off,Komp} \leq t \leq T_{off,Komp} \end{cases} \tag{4-8}$$

Die Flankensteilheit $m_{rise/fall}$ der Spannungspulse ergibt sich aus den jeweiligen Zeitpunkten ($t_{SW,on}$ und t_{on} bzw. $t_{SW,off}$ und T_{off}) und der Amplitude im eingeschalteten Zustand.

Nach (4-6) kann die Differenzspannung $u_{Res}(t)$ für den Knoten, an dem die Quelle $\underline{U}_{Komp}$ angeschlossen ist (vgl. Abbildung 4.2), aus $u_{Komp}(t)$ und $u'_{CM}(t)$ berechnet werden. $u'_{CM}(t)$ wir hierfür mit G aus $u_{CM}(t)$ berechnet.

$$u'_{CM}(t) = \begin{cases} 0,\ t < t_{sw,on,CM} \\ m_{rise,CM}\cdot G\cdot(t\text{-}t_{sw,on,CM}),\ t_{sw,on,CM} \leq t < t_{on,CM} \\ u_{CM}\cdot G,\ t_{on,CM} \leq t < t_{sw,off,CM} \\ m_{fall,CM}\cdot G\cdot(T_{off,CM}\text{-}t),\ t_{sw,off,CM} \leq t \leq T_{off,CM} \end{cases} \tag{4-9}$$

Zur Überführung von $u_{Res}(t)$ und $u'_{CM}(t)$ in den Frequenzbereich kann die Fourier-Reihe als Approximation verwendet werden [25], da es sich bei den vorliegenden Spannungsverläufen um periodische Trapezpulse handelt. Zur Darstellung des Spektrums wird die Fourier-Reihe in Polardarstellung angewandt [25].

$$x(t) = X_0 + \sum_{n=1}^{\infty}\left(X_n\cdot\cos(n\omega_1 t + \varphi_n)\right) \tag{4-10}$$

mit

$$X_n = \sqrt{A_n^{\,2} + B_n^{\,2}} \tag{4-11}$$

$$\varphi_n = -\arctan\left(\frac{B_n}{A_n}\right) \tag{4-12}$$

Die Koeffizienten X_n stellen die Amplituden der Spektrallinien dar, φ_n die Phase. Diese setzten sich aus den Cosinus-Anteilen A_n und den Sinusanteilen B_n des Signals zusammen. ω_1 stellt die Kreisfrequenz des Signals $x(t)$ dar. Die Filterdämpfung der Pulskompensation lässt sich im Frequenzbereich anschließend über die Dämpfung der einzelnen Koeffizienten ausdrücken:

$$att_\mathrm{n} = \frac{X_\mathrm{n}\left(u'_\mathrm{CM}(t)\right)}{X_\mathrm{n}\left(u_\mathrm{Res}(t)\right)} \tag{4-13}$$

$X_\mathrm{n}(u'_\mathrm{CM}(t))$ stellt die Fourier-Koeffizienten des skalierten Störpulses dar, $X_\mathrm{n}(u_\mathrm{Res}(t))$ die Koeffizienten der Differenzspannung. In Abbildung 4.11 ist die Dämpfung att_n für die gegebenen Randbedingungen in Tabelle 4-2 über der Frequenz aufgetragen. Die Randbedingungen wurden an einer Referenzmessung des Testaufbaus festgelegt. Im umgekehrten Vorgehen können die Anforderungen an die Synchronisation bzw. die Pulsform auch aus einer vorgegebenen Dämpfung abgeleitet werden.

Mit der angenommenen Genauigkeit der Synchronisation ist eine maximale Dämpfung von 55 dB bei der Grundfrequenz von 50 kHz zu erreichen. Für ungerade Harmonische fällt die Dämpfung bis zu 25 dB bei 1 MHz ab. Gerade Harmonische erreichen durchgehenden eine Dämpfung von 25 dB bis ca. 2 MHz. In [30] wurde gezeigt, dass der Effekt unterschiedlicher Dämpfungsverläufe von geraden bzw. ungeraden Harmonischen auf den Synchronisationsfehler zwischen $u_\mathrm{Komp}(t)$ und $u_\mathrm{CM}(t)$ zurückzuführen ist und durch eine Optimierung der Synchronisation verringert werden kann.

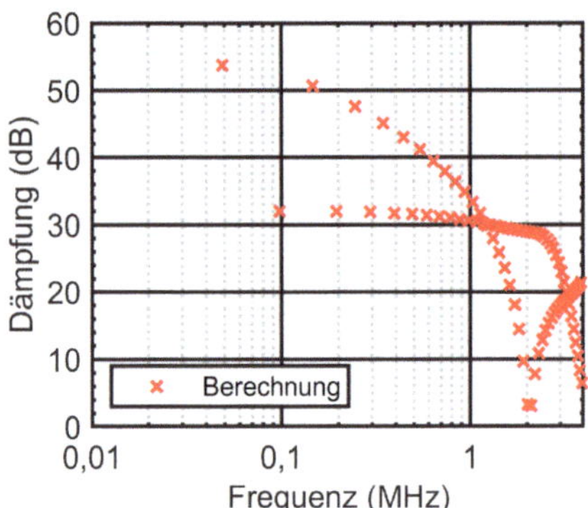

Abbildung 4.11: Berechnete Dämpfung

Tabelle 4-2: Parameter der Dämpfungsberechnung

	$u'_\mathrm{CM}(t)$	$u_\mathrm{Komp}(t)$
m_rise	197 V/µs	144 V/µs
m_fall	77 V/µs	94 V/µs
$t_\mathrm{SW,on}$	9,847 µs	9,837 µs
t_on	9,899 µs	9,909 µs
$t_\mathrm{SW,off}$	20,273 µs	20,280 µs
t_off	20,408 µs	20,390 µs
U_on	10,375 V	10,37 V

Über das gezeigte Vorgehen lässt sich eine erste Abschätzung der Dämpfung in Abhängigkeit der Synchronisationsgenauigkeit und der Pulsformen angeben.

4.3 Fazit

Zusammengefasst zeigt Kapitel 4, dass sich aktive EMV-Filter ausschließlich basierend auf den Schaltinformationen der Leistungselektronik aufbauen lassen. Die weitgehend konstante Übertragungsfunktion der überwiegend kapazitiven

Koppelpfade im Frequenzbereich bis zu einigen MHz ermöglicht eine wirkungsvolle Kompensation mit einem geschalteten Kompensationspuls.

Unter Annahme weniger Vereinfachungen lässt sich die Übertragungsfunktion des Systems im relevanten Frequenzbereich bis etwa 4 MHz vollständig analytisch beschreiben. Die hierfür notwendigen Parameter können entweder durch Messung an einem Prototyp oder über FEM[34]-Simulationen ermittelt werden. Eine Abschätzung der erreichbaren Filterdämpfung kann im darauffolgenden Schritt anhand einer Abschätzung von Störanregung und Kompensationspuls durch abschnittsweise definierte lineare Funktionen getroffen werden. Diese Methode bietet die Möglichkeit zur Auslegung der notwendigen Systemparameter, wie Synchronisationsgenauigkeit, Amplitudengenauigkeit und Flankensteilheit der Kompensationspulse. Somit kann der bisher hohe Entwicklungsaufwand für EMV-Filter [3] im Fall der Pulskompensation deutlich reduziert werden.

---

[34] FEM: Finite-Elemente-Methode

5 Prädiktive Pulskompensation für stationär getaktete Systeme

Die erste Applikation, an der die Pulskompensation demonstriert wird, ist ein stationär getakteter Tiefsetzsteller. Der konstante Betriebspunkt erlaubt eine Fokussierung auf die Umsetzung der Methode an einem Hardwareaufbau und die statische Synchronisierung ohne zusätzliche Störeinflüsse wie stromabhängige Schaltverzugszeiten der Leistungshalbleiter.

5.1 Hardwareaufbau

Der Hardwareaufbau des Tiefsetzstellers orientiert sich am Komponententest nach CISPR 25, vgl. Abschnitt 2.1. Ein Bild der Messanordnung mit zugehörigem Blockschaltbild der jeweiligen Komponenten ist in Abbildung 5.1 zu finden.

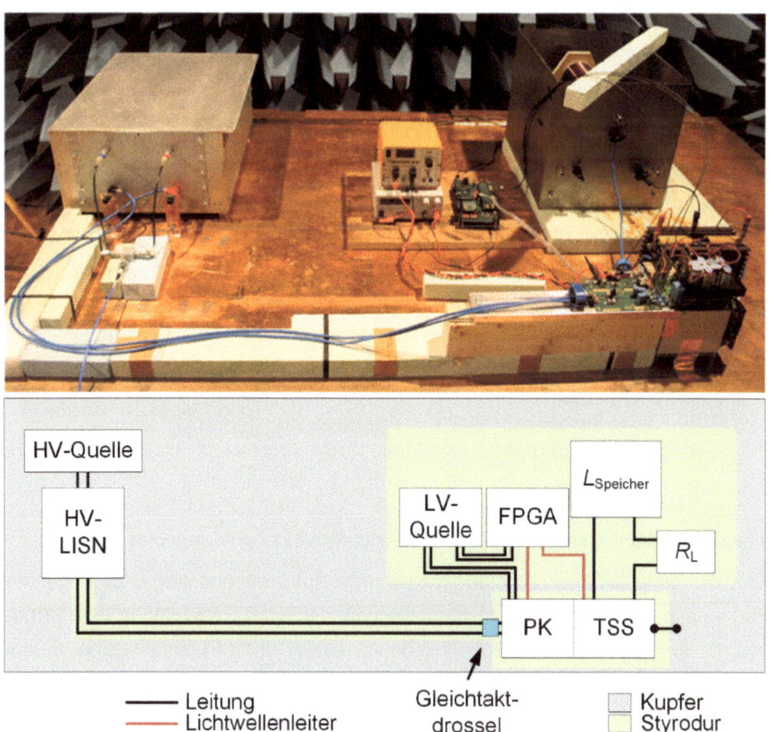

Abbildung 5.1: Übersicht über den Hardwareaufbau nach CISPR 25 Komponententest

Der Leistungsteil des Tiefsetzstellers (TSS) wird über die HV-LISNs von einer HV-Quelle gespeist. Als Eingangsfilter des Tiefsetzstellers wird das Modul der Pulskompensation verwendet. Dieses wird von einer 12 V LV-Quelle versorgt. Das FPGA-Board zur Ansteuerung von Tiefsetzsteller und Pulskompensation wird ebenfalls aus dieser Quelle gespeist. Als Speicherinduktivität ohne Eisenkern wird eine Luftspule mit einer Induktivität von $L_{Speicher} = 320\ \mu H$ verwendet. Ohne einen sättigungsbehafteten Eisenkern kann das Schaltverhalten des Tiefsetzstellers auch bei relativ hohen Strömen im Bereich von mehreren 10 A bewertet werden. In der kommerziellen Applikation hingegen werden Leistungsteil und Speicherinduktivität möglichst kompakt für einen bestimmten Betriebsbereich ausgelegt. Die resistive Last $R_L = 33\ \Omega$ wird zwischen $L_{Speicher}$ und dem Rückleiter des Leistungsteils positioniert. Als leitungsgeführte Störspannung wird die Gleichtaktspannung an den beiden LISNs mittels eines Leistungssplitters über einen Zeitbereichsmessempfänger erfasst. Der Messempfänger wird mit den Messeinstellungen aus Anhang B betrieben.

Abbildung 5.2 zeigt den Signalpfad der Ansteuerung des Tiefsetzstellers inklusive der galvanischen Trennung der Ansteuersignale über eine optische Verbindung zum Leistungsteil. Das elektrische Ausgangssignal des FPGAs wird über einen optischen Konverter mittels LWL[35] an den Leistungsteil übertragen. Dort empfängt und wandelt ein weiterer optischer Konverter das Signal und führt es elektrisch dem Gate-Treiber zu. Dieser wiederum gibt das eigentliche Schaltsignal an den Leistungs-MOSFET.

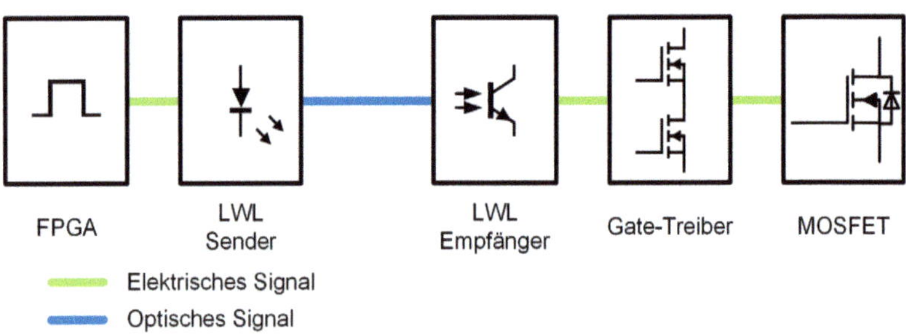

Abbildung 5.2: Signalkette vom FPGA zum Leistungs-MOSFET der Pulskompensation

Die Erzeugung der Kompensationspulse in der Pulskompensation erfolgt über ein Modul nach Abbildung 5.3. Die Steuersignale der Pulskompensation vom FPGA werden über eine optische Schnittstelle zur eigentlichen Pulserzeugung, einem Halbbrücken-Gate-Treiber IC[36], gesendet. Da die Ansteuerung gegenüber der

---

[35] LWL: Lichtwellenleiter
[36] IC: Integrated Circuit (engl. Integrierter Schaltkreis)

Referenzmasse geschaltet wird, könnte auf die optische Übertragung praktisch auch verzichtet werden. Der Gate-Treiber wird mit einer variablen Versorgungsspannung zur Anpassung der Amplitude der Kompensationsspannung U_{Komp} von 0 – 20 V gespeist. Das Ausgangssignal wird über zwei Injektionskapazitäten von je 10 nF Kapazität auf die HV-Leitungen eingekoppelt. Im Vergleich zur Verstärkerstufe aus Abschnitt 3.2 reduziert sich die Anzahl an notwendigen Komponenten deutlich.

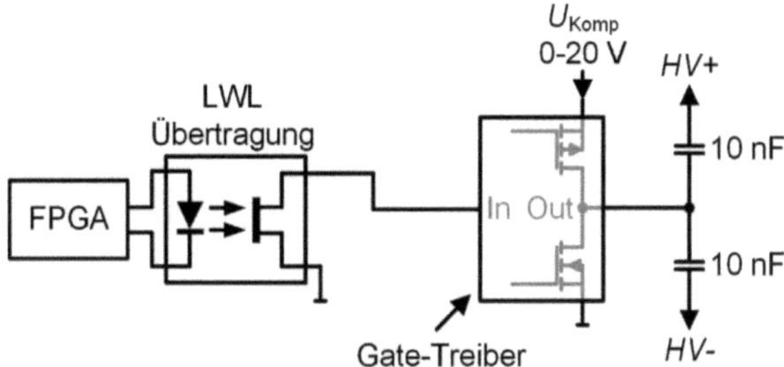

Abbildung 5.3: Vereinfachtes Schaltbild eines Moduls zur Pulskompensation

Die Synchronisierung der Kompensationspulse auf das Schaltsignal des Tiefsetzstellers kann auf zwei Varianten erfolgen. Eine feste Zeitverzögerung für die steigende und fallende Flanke der Kompensationspulse in Bezug zum Schaltsignal kann vorgegeben werden. Alternativ dazu kann ein Feedbacksignal vom dynamischen Knoten zur Ermittlung der notwendigen Zeitverzögerungen verwendet werden. Der FPGA stellt die notwendigen Zeitverzögerungen dann automatisch ein. In beiden Fällen erfolgt die Erzeugung der Kompensationspulse nach dem Schema aus Abbildung 5.4a. Das PWM-Signal zur Ansteuerung des Tiefsetzstellers wird über den Vergleich eines Dreiecksignals mit einem bestimmten Schwellwert erzeugt. Dieser Schwellwert bestimmt das Puls-Pausen-Verhältnis (Duty-Cycle). Das PWM-Signal wird mit einer festen Zeitverzögerung t_{Delay} ausgegeben. Der Kompensationspuls wird ebenfalls aus dem PWM-Signal erzeugt, indem das PWM-Signal um die zur Synchronisation notwendigen Zeitverschiebungen verzögert wird. Für den Fall, dass die Signalkette des Kompensationsmoduls kürzere Laufzeiten als die Ansteuerung des Leistungs-MOSFET hat, kann ein negativer Korrekturfaktor t_{Delay} ausgegeben werden. Um die steigenden und fallenden Flanken mit unterschiedlichen Korrekturfaktoren Δt_{rising} bzw. $\Delta t_{falling}$ verzögern zu können, wird ein Fenstersignal zur Trennung verwendet. Das Fenstersignal wechselt exakt in der Mitte des PWM-Pulses den Zustand und erlaubt eine Trennung zwischen fallender und steigender Flanke. Den Zusammenhang der internen Signale des FPGA zeigt Abbildung 5.4b. Während der Zeitbereiche, in denen das Fenstersignal den Zustand ‚1' aufweist (rote Markierung), wird die steigende Flanke des PWM-Signals selektiert. In den Zeitbereichen mit einem Logikpegel des Fenstersignals von ‚0' (blaue Markierung) gilt dies entsprechend für die fallende Flanke des PWM-Signals. Über eine kombinatorische Logik wird das Kompensationssignal anschließend aus den Teilsignalen zusammengesetzt.

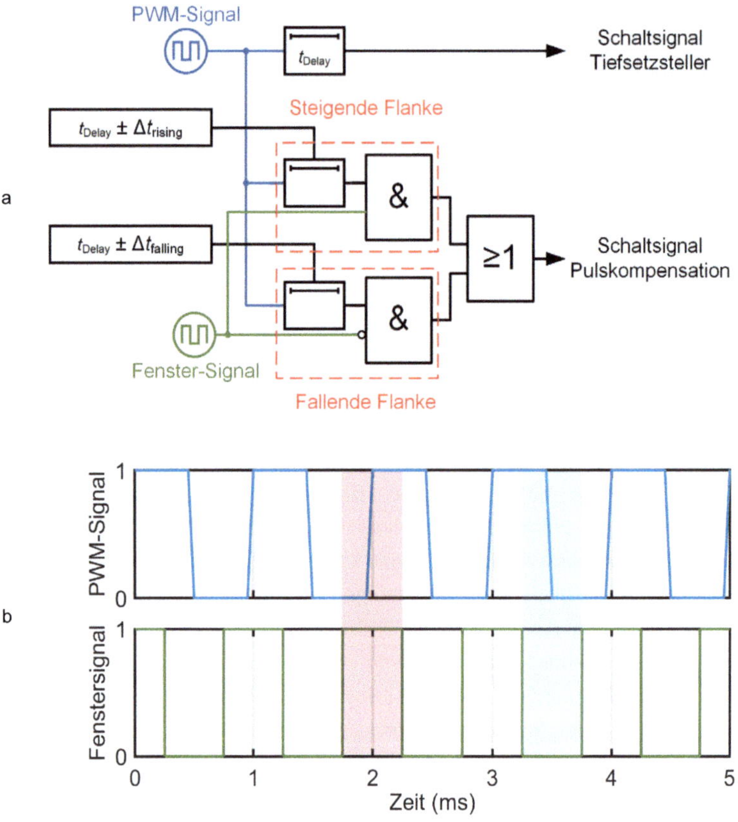

Abbildung 5.4: Implementierung der Signalerzeugung für die Pulskompensation, a) kombinatorische Logik, b) Zeitabfolge der Logiksignale ‚PWM-Signal' und ‚Fenstersignal'

Die Korrekturfaktoren Δt_{rising} und $\Delta t_{falling}$ werden entweder über eine Benutzerschnittstelle fest vorgegeben (statischer Betrieb) oder über eine automatische Nachführung von der Ansteuerung selbst ermittelt. Auf die notwendige Schaltung zur Nachführung und die Ermittlung der Korrekturfaktoren wird in Abschnitt 5.4.1 genauer eingegangen. In den folgenden Abschnitten wird zuerst der passive Filtereinfluss der Pulskompensation betrachtet und anschließend das Betriebsverhalten bei statischer Synchronisation genauer analysiert.

5.2 Passiver Filtereinfluss der Pulskompensation

Um die Wirksamkeit des aktiven Filters bewerten zu können, wird im ersten Schritt der Einfluss der verbauten Komponenten im passiven Betriebszustand der Pulskompensation dargestellt. Abbildung 5.5 zeigt die Messung der Gleichtaktstörspannung des Tiefsetzstellers ohne Filterelemente und mit Pulskompensation im passiven Zustand. Die Injektionskapazitäten C_{Inj} tragen auch im passiven Zustand der Pulskompensation (Versorgungsspannung angelegt, dauerhafter „Low"-Zustand) zur Dämpfung bei. Der Ausgangswiderstand des MOSFET-Halbbrückentreibers ist mit etwa 1 Ω relativ niederohmig. Die Dämpfungswiderstände, die üblicherweise zur Reduzierung der Eigenresonanz des C_Y mit seiner Serieninduktivität (ESL) eingesetzt werden, liegen in derselben Größenordnung. Folglich sind die Kapazitäten C_{Inj} im passiven Betriebszustand als reine C_Y-Kondensatoren zu sehen. Somit wird durch die Kapazitäten C_{Inj} ab 300 kHz eine passive Dämpfung von bis zu 35 dB bei 1 MHz erreicht. Im Frequenzbereich unterhalb von 300 kHz erreicht die Pulskompensation im passiven Betriebszustand jedoch keine Dämpfung der Störspannung.

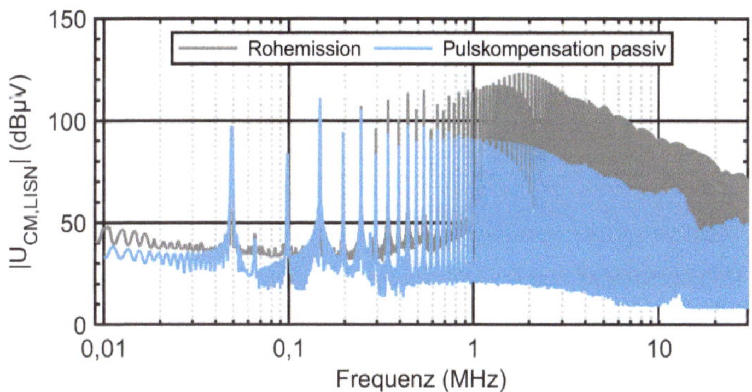

Abbildung 5.5: Gleichtaktstörspannung des Tiefsetzstellers ohne Filterelemente (Rohemission) und mit Filterkomponenten der Pulskompensation im passiven Betrieb

Im Vergleich zu einer reinen C_Y-Kapazität identischer Größe in Abbildung 5.6 erreicht die Pulskompensation im passiven Betrieb nahezu identische Dämpfungswerte. Bis 10 MHz weisen die Spektren exakt gleiche Störpegel auf, erst ab 10 MHz zeigt eine reine C_Y-Filterstufe leicht höhere Dämpfungswerte. Die zusätzliche Hardware zur Pulserzeugung scheint die Wirkung der Injektionskapazitäten unterhalb von 10 MHz nicht zu beeinflussen. Damit lassen sich die Injektionskapazitäten als konventionelle passive Elemente zur Dimensionierung einer passiven Filterstufe nutzen.

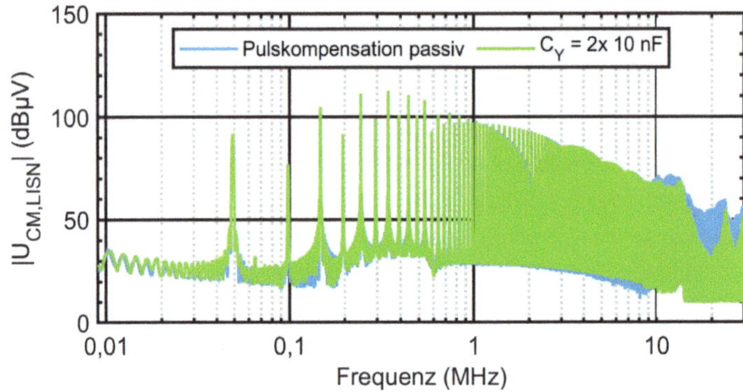

Abbildung 5.6: Gleichtaktstörspannung des Tiefsetzstellers mit Pulskompensation im passiven Betrieb bzw. reiner C_Y-Filterstufe

Für die nachfolgenden Analysen wird als Referenzspektrum immer das Störspektrum an den LISNs mit Pulskompensation im passiven Betriebszustand angenommen. Gegenüber der Störemission des Konverters ohne Filtermaßnahmen ist dies zwar eine konservative Abschätzung der erreichbaren Filterdämpfung. Für den Betrieb der Pulskompensation mit unterschiedlichen, passiven Filterstufen ist dieser Vergleich für die Wirksamkeit im aktiven Betrieb jedoch aussagekräftiger. Zudem lässt sich die erreichbare Bandbreite der Pulskompensation mit dieser Bewertungsmethode bestimmen.

5.3 Statisch synchronisierte Pulskompensation für einen Tiefsetzsteller

Zur Validierung der Methode wird das unterschiedliche Schaltverhalten bei variablen Betriebspunkten vorerst vernachlässigt und eine statische Synchronisation der Kompensationspulse vorgenommen. Dabei sind die einzustellenden Verzögerungszeiten vor Inbetriebnahme des Systems im Zeitbereich empirisch bestimmt worden und anschließend bei der Inbetriebnahme fest vorgegeben. Zwar lassen sich mit dieser Synchronisation Veränderungen im Schaltverhalten nicht kompensieren und führen damit zwangsläufig zu einem Synchronisationsfehler. Jedoch lässt sich die maximal erreichbare Filterperformance als Vergleichswert für automatisierte Synchronisationsverfahren bestimmen.

5.3.1 Verhalten am Nennbetriebspunkt der Synchronisation

Im ersten Schritt wird für einen festgelegten Betriebspunkt des Tiefsetzstellers der optimale Betriebspunkt der Pulskompensation eingestellt. Davon ausgehend kann das maximale Potential der Pulskompensation unter den gegebenen Hardwarebedingungen (Synchronisationsgenauigkeit 10 ns) ermittelt werden. Der gewählte Betriebspunkt des Tiefsetzstellers liegt bei einem konstanten Duty-Cycle von $m = 0{,}5$ bei einer Eingangsspannung von $U_{DC,In} = 100$ V. Dieser Arbeitspunkt entspricht einem Mittelwert des Ausgangsstroms von $I_{Out} = 1{,}5$ A bei $U_{DC,Out} = 50$ V Ausgangsspannung. Um eine möglichst geringe Stromschwankungsbreite von I_{Out} zu erhalten, muss die Schaltfrequenz, bedingt durch die relativ kleine Speicherinduktivität von $L_{Speicher} = 320$ µH, hoch gewählt werden. Mit einer Schaltfrequenz von $f_c = 49{,}9$ kHz wird das hardwaretechnische Maximum der Ansteuerung gewählt.

Die Gleichtaktstörspannung an den LISNs zeigt Abbildung 5.7 im Frequenzbereich von 10 kHz bis 30 MHz. Für den passiven Betrieb der Pulskompensation erreicht die Störemission des Konverters mit bis zu 110 dBµV ihren Maximalpunkt im LW Frequenzbereich. Bei aktivierter Pulskompensation im statisch synchronisierten Betrieb kann die Emission in diesem kritischen Frequenzbereich auf bis zu 66 dBµV reduziert werden. Über das gesamte Spektrum wird die Störemission bis 2 MHz auf ca. 60 dBµV verringert. Somit würde für diesen Betriebspunkt die Pulskompensation allein zum Einhalten der Emissionsgrenzwerte im LW und MW Bereich ausreichen. Bis 6 MHz ist eine Filterdämpfung der Pulskompensation erkennbar. Diese Grenzfrequenz lässt sich auf den Verlauf der Übertragungsfunktion aus Abbildung 4.6 zurückführen. Ab 4 MHz weicht die Übertragungsfunktion zunehmend vom zuvor konstanten, kapazitiven Teilverhältnis ab, bis bei 7 MHz eine Resonanzstelle auftritt. Genau in diesem Frequenzbereich nimmt die erreichte Filterdämpfung bis auf 0 dB ab. Somit ist die maximal erreichbare Filterdämpfung vor allem durch die Übertragungsfunktion des gesamten Hardwareaufbaus des Tiefsetzstellers bestimmt. Durch die verbleibende Fehlanpassung der Synchronisation ergibt sich oberhalb von 6 MHz wiederum eine leichte Erhöhung des Störspektrums von etwa 6 dB in Bezug auf den passiven Betriebszustand.

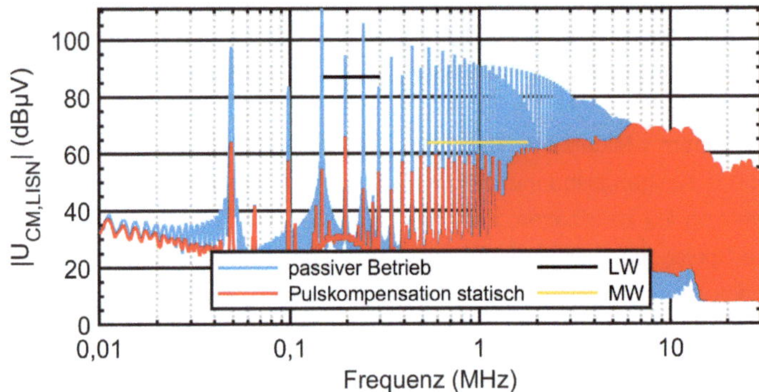

Abbildung 5.7: Gleichtaktstörspannung des Tiefsetzstellers für Pulskompensation bei passivem bzw. aktivem Betrieb, statisch synchronisiert

Für eine genaue Analyse ist neben dem Störspektrum auch die Synchronisation im Zeitbereich zu bewerten. Hierzu sind in Abbildung 5.8 die Spannungsverläufe des transformierten Störpulses $u'_{CM}(t)$ und des Kompensationspulses $u_{Komp}(t)$ für die steigende und fallende Flanke in einer Detailansicht dargestellt. Um die Vergleichbarkeit der Flankensteilheit zu erhöhen, sind die Spannungsverläufe auf ihre jeweilige Nominalspannung U_{Nom} normiert. Im Fall der steigenden Flanke von $u_{Komp}(t)$ ist bei $U_{Komp,Nom} = 0{,}4$ ein kurzzeitiger Einbruch der Spannung zu erkennen. Dieser wird durch die hohe kapazitive Ausgangsbelastung des Gate-Treiber-Bausteins verursacht. Durch die Injektionskapazitäten mit $C_{Inj,Ges} = 20$ nF wird der Baustein an einer hohen kapazitiven Ausgangslast betrieben. Abhilfe kann ein Gate-Treiber-Baustein mit höherer kapazitiver Ausgangslast bzw. eine diskret aufgebaute MOSFET-Halbbrücke zur Erzeugung des Kompensationssignals schaffen. Es können jedoch ähnliche Flankensteilheiten vergleichbar zu $u'_{CM}(t)$ erreicht werden. Die fallende Flanke von $u'_{CM}(t)$ hat sich auf ca. 150 ns verlangsamt. Dies liegt an den unterschiedlichen Kommutierungsverhalten des MOS-FETS bzw. der Freilaufdiode. Da beim Kompensationskreis ein fester Ausgangswiderstand verwendet wird, sind die Schaltgeschwindigkeiten beider Flanken vergleichbar. Somit ergibt sich für die fallende Flanke ein deutlicher Unterschied in den Flankensteilheiten. Sofern kein Baustein mit variabler Flankensteilheit zur Erzeugung der Kompensationspulse verwendet wird, muss ein Kompromiss für beide Schaltvorgänge gefunden werden.

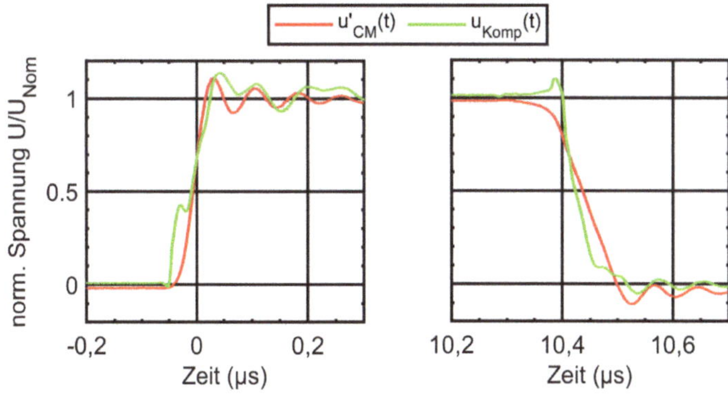

Abbildung 5.8: Vergleich von transformierter Störanregung und Kompensationspuls im Zeitbereich einer Schaltperiode für die steigenden und fallenden Spannungsflanken

5.3.2 Validierung der theoretischen Abschätzung

Bisher ist der Ansatz zur theoretischen Abschätzung der erreichbaren Filterdämpfung noch nicht validiert. Die vorhergesagte Filterdämpfung in Abbildung 4.11 wurde beispielhaft anhand idealer trapezförmiger Spannungsverläufe für den Betriebspunkt aus Kapitel 5.3.1 erstellt. Mit den vorliegenden Spannungsverläufen von Störanregung und Pulskompensation aus Abbildung 5.8 kann der Ansatz validiert und die Abschätzung der erreichbaren Filterdämpfung aus Kapitel 4.2.2 überprüft werden.

Die Spannungsverläufe zur Berechnung der Filterdämpfung sind in Abbildung 5.9 mit den tatsächlichen Verläufen aus der Messung im Zeitbereich verglichen. Zur besseren Vergleichbarkeit sind auch hier wieder die auf ‚1' normierten Spannungsverläufe dargestellt. Die Spannungsverläufe wurden als abschnittsweise lineare Funktionen approximiert. Als Definition der Flankensteilheit dienen der Anstieg bzw. Abfall zwischen den Werten 10 % und 90 % des nominalen Spannungspegels von $u'_{CM}(t)$ bzw. $u_{Komp}(t)$. Durch die Trapezform der Approximation kann das Über- bzw. Unterschwingen in den Schaltvorgängen nicht nachgebildet werden. Auch der Spannungseinbruch während der steigenden Flanke von $u_{Komp}(t)$ wird bisher nicht berücksichtigt.

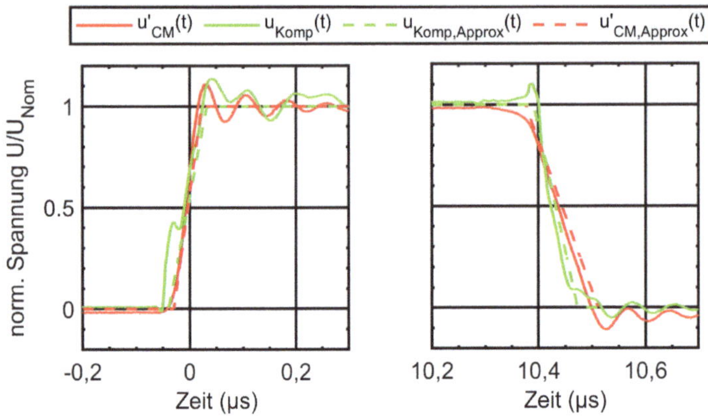

Abbildung 5.9: Vergleich der Spannungsverläufe aus Messung und Approximation über abschnittsweise linear definierte Funktionen

Die tatsächlichen Spannungsflanken werden durch die trapezförmige Approximation nur grob dargestellt. Mit Blick auf den umgekehrten Weg, die Bestimmung der Randbedingungen für die zeitliche Synchronisation basierend auf der geforderten Filterdämpfung, reicht dieser Ansatz jedoch aus. Zu diesem Zeitpunkt liegen üblicherweise im Entwicklungsstadium einer Leistungselektronik noch keine genaueren Messungen des tatsächlichen Schaltverhaltens vor. Daher reicht eine solch grobe Abschätzung zur Definition der notwendigen Hardware (Taktgeschwindigkeit der Ansteuerung, Einstellgenauigkeit der Kompensationsspannung) aus.

Wird mit Hilfe der Approximation der Spannungspulse in Abbildung 5.9 eine Berechnung der Dämpfung nach dem Vorgehen aus Kapitel 4.2.2 mittels einer Fourier-Reihe vorgenommen, ergibt sich der diskrete Dämpfungsverlauf über der Frequenz in Rot in Abbildung 5.10. Zusätzlich zum berechneten Dämpfungsverlauf ist sind auch die gemessenen Dämpfungswerte für die diskreten Frequenzpunkte der einzelnen Harmonischen (die Differenz der Gleichtaktstörspannungen aus Abbildung 5.7) im Diagramm aufgetragen. Da der Berechnung die analytische Übertragungsfunktion $G(f)$ zugrunde liegt, deren Berechnung nur bis in den Frequenzbereich von 4 MHz valide ist, wird die Vorhersage ebenfalls nur in diesem Frequenzbereich ausgewertet. Sowohl im berechneten, als auch im gemessenen Dämpfungsverlauf ist die unterschiedlich starke Dämpfung von geraden und ungeraden Harmonischen der Grundfrequenz von f_c = 49,9 kHz sehr gut erkennbar. Dieser Unterschied beläuft sich in Abbildung 5.10 auf bis zu 25 dB und kann über die zeitliche Synchronisation der Spannungsflanken beeinflusst werden [30].

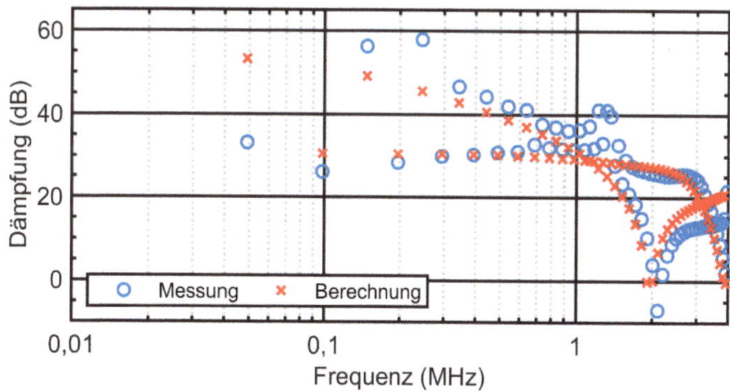

Abbildung 5.10: Vergleich von berechneter und gemessener Dämpfung der Pulskompensation im statisch synchronisierten Betriebsfall

Der theoretische Ansatz zur Berechnung bildet sowohl den qualitativen Verlauf der Dämpfung über der Frequenz als auch den Betrag bis ca. 1 MHz mit hoher Genauigkeit ab. Lediglich die Harmonischen unterhalb von 300 kHz und eine lokale Stelle bei 1,3 MHz weisen größere Abweichungen auf. Diese werden der Vereinfachung der Spannungsverläufe als Trapezpulse zugeschrieben. Im Frequenzbereich zwischen 100 kHz und 2 MHz wird die Dämpfung eher zu niedrig abgeschätzt. Oberhalb von 2 MHz nimmt die Abweichung zwischen der tatsächlich gemessenen Dämpfung und der vereinfachten Berechnung wieder zu. In diesem Frequenzbereich beginnt das reale Übertragungsverhalten vom vereinfachten Modell abzuweichen, womit bei diesen Frequenzen ein zunehmender Kompensationsfehler auftritt. Dieser wird von der einfachen Trapez-Approximation nicht wiedergegeben. Dennoch können markante Eigenschaften im Dämpfungsverlauf wie der prinzipielle Verlauf, der Einbruch bei 2 MHz und die Überschneidung der Dämpfungsverläufe von geraden und ungeraden Harmonischen bei 3 MHz mit dieser einfachen Abschätzung für ein Entwicklungsmodell ausreichend genau bestimmt werden.

Nach der erfolgreichen Validierung der Dämpfungsvorhersage soll auch der analytische Ansatz zur Bestimmung der Kompensationsspannung aus der Übertragungsfunktion am Aufbau validiert werden. Zwar konnte eine sehr hohe Übereinstimmung zwischen berechneter Übertragungsfunktion und VNA-Messung gezeigt werden. Ob die getroffenen Vereinfachungen des Störquellenmodells aus Abschnitt 4.2.1 zutreffend sind, wurde damit jedoch noch nicht gezeigt.

Um die Vereinfachungen experimentell zu validieren, werden die Spannungspegel von Störanregung $u_{CM}(t)$ und Kompensationspuls $u_{Komp}(t)$ über einer Schaltperiode verglichen. Falls die getroffene Annahme, dass MOSFET und Freilaufdiode als Störquelle U_{CM} zusammengefasst werden dürfen (vgl. Abschnitt 4.2.1) nicht gilt, muss sich aus der Messung der Spannungsverläufe ein zu $G(f)$ verschiedener Skalierungsfaktor ergeben. Die Spannungsverläufe von $u_{CM}(t)$ und $u_{Komp}(t)$ sind hierzu in Abbildung 5.11 über einer Schaltperiode aufgetragen. Die empirische Einstellung der Kompensationsspannung auf die maximal erreichbare Dämpfung erfolgte wiederum am Betriebspunkt aus Abschnitt 5.3.1. Die Kompensationsspannung wurde unabhängig vom tatsächlichen Wert von $G(f)$ eingestellt. Bei einer Störanregung von $U_{Out,Nom}$ = 99,08 V wurde ein optimaler Kompensationspuls in Höhe von $U_{Komp,Nom}$ = 10,37 V bestimmt.

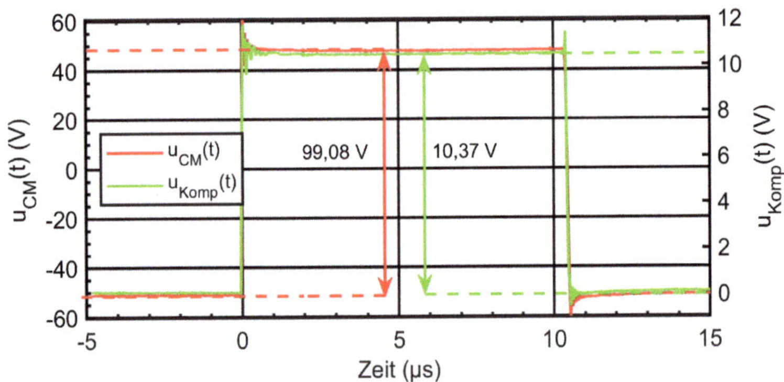

Abbildung 5.11: Vergleich der Spannungspegel von Störanregung $u_{CM}(t)$ und Kompensationspuls $u_{Komp}(t)$

Im Vergleich zur empirisch ermittelten Messung wird anhand der gemessenen Übertragungsfunktion in Abbildung 4.5 im Frequenzbereich unter 2 MHz ein mittleres Übertragungsverhältnis von etwa -19,5 dB ermittelt. Dies entspricht einer Skalierung zwischen Störanregung und Kompensation nach (5-1) von 0,106. Aus den gemessenen Spannungsverläufen kann auf $G(f)$ im Frequenzbereich unterhalb von 2 MHz rückgerechnet werden, woraus sich nach (5-2) ein Faktor von 0,105 ergibt.

$$\text{Mit } G(f) \qquad \frac{U_{Komp}}{U_{CM}} = 0{,}106 \qquad\qquad (5\text{-}1)$$

$$\text{Aus Abbildung 5.11} \qquad \frac{U_{Komp,Nom}}{U_{CM,Nom}} = 0{,}105 \qquad\qquad (5\text{-}2)$$

Bei einem Spannungssprung in U_{CM} von 99,08 V sollte die Kompensationsspannung demnach einen theoretischen Spannungspegel von $U_{Komp,id.}$ = 10,5 V aufweisen. Der gemessene Kompensationspuls in Abbildung 5.11 liegt bei U_{Komp} = 10,37 V und weicht damit etwa um 1,2 % vom theoretischen Wert ab. Diese Abweichung kann bspw. durch die Einstellgenauigkeit der Pulsamplitude verursacht werden. Folglich kann auch die Berechnung der notwendigen Pulsamplitude von $u_{Komp}(t)$ mit Hilfe der Übertragungsfunktion als valide angenommen werden. Die theoretische und die tatsächliche Amplitude des Kompensationspulses stimmen mit hoher Genauigkeit überein. Somit lässt sich die notwendige Amplitude des Kompensationspulses anhand der Übertragungsfunktion im Auslegungsprozess ausreichend genau bestimmen.

Mit Hilfe der Messungen im Referenzbetriebspunkt bei manuell synchronisierter Pulskompensation kann gezeigt werden, dass die vorgestellten Verfahren zur Berechnung der Dämpfung bzw. des Übertragungsverhältnis von Störanregung zu Kompensationspuls als valide angenommen werden dürfen. Die Überprüfung mit den gemessenen Spannungsverläufen zeigt eine hohe Genauigkeit bei der Vorhersage, sowohl hinsichtlich der zu erwartenden Dämpfung als auch des Dämpfungsverlaufs im Frequenzbereich unterhalb von 4 MHz.

5.3.3 Abweichung vom Nennbetriebspunkt der Synchronisation

Nachdem die maximal erreichbare Filterperformance am Nennbetriebspunkt bestimmt und die Vorhersage der Filterdämpfung validiert ist, soll im folgenden Abschnitt die Auswirkung einer Abweichung des Tiefsetzstellers vom Nennbetriebspunkt dargestellt werden. Für einen Betrieb unter optimalen Verhältnissen (feste Last, konstante Elngangsspannung) kann der Duty-Cycle als fest vorgegeben angenommen werden. In diesem Fall sind sowohl die Ausgangsspannung als auch der Ausgangsstrom immer konstant.

Bei einer Anwendung im Fahrzeug sind aber sowohl die Eingangsspannung des Tiefsetzstellers, beispielsweise bedingt durch den Ladezustand der Batterie (SoC[37]) oder Schaltvorgänge von induktiven bzw. kapazitiven Lasten, als auch die Anzahl der Verbraucher bzw. der Zustand der Verbraucher und damit die Last variabel. Bei diesen Einflüssen kann in quasistationäre Einflüsse mit sehr langsamer Veränderung und dynamische Einflüsse mit schneller Veränderung des Zustands, unterteilt werden. Für die Pulskompensation lässt sich diese Einteilung anhand der Periodendauer der PWM definieren. Die Periodendauer der PWM ist wie folgt definiert

$$T_C = \frac{1}{f_C} \tag{5-3}$$

wobei T_C die Periodendauer und f_C die Trägerfrequenz der PWM sind. Für den Fall, dass die Änderung des Duty-Cycles in der Größenordnung einiger Vielfacher von T_C liegt, kann von einem dynamischen Einfluss ausgegangen werden. Dabei

---

[37] SoC: State of Charge (engl., Ladezustand)

ist die Änderung des Schaltverhaltens von einem Schaltvorgang auf den darauffolgenden Schaltvorgang so groß, dass ein signifikanter Einfluss auf die Synchronisation des Kompensationssignals und damit die Dämpfung der Pulskompensation besteht. Für eine korrekte Synchronisation der Kompensationspulse muss für jeden Schaltvorgang das Kompensationssignal unmittelbar angepasst werden. Bei einer deutlich langsameren Änderung als T_C kann dagegen von einem quasistationären Einfluss ausgegangen werden. Bei der Änderung des Duty-Cycles von einem Schaltvorgang auf den Nächsten tritt entweder eine vernachlässigbar kleine Abweichung des Schaltverhalten auf, oder es handelt sich um eine sprunghafte Änderung des Duty-Cycles. In beiden Fällen kann die Synchronisation der Kompensationspulse in der Zeitspanne einiger Zyklen T_C nachgeführt werden [80]. Eine genaue Grenze hängt dabei vom dynamischen Verhalten der Nachführung der Synchronisation ab und wird in Abschnitt 5.4 genauer beschrieben. Im Folgenden werden die Auswirkungen bei sprunghaften Änderungen des Duty-Cycles und damit des Ausgangsstroms I_{Out} auf den Schaltvorgang und die Kompensation genauer analysiert.

Das Schaltverhalten der Ausgangsspannung eines dreiphasigen PWR wurde in [81] hinsichtlich der Abhängigkeit vom Ausgangsstrom analysiert. Dabei wurde gezeigt, dass der Ausgangsstrom beim PWR über einer Sinusperiode einen großen Einfluss auf die Flankensteilheit der Spannung während der Schaltvorgänge hat. Im Nulldurchgang des Ausgangsstroms werden die langsamsten Schaltflanken erzeugt, während im Strommaximum die schnellsten Schaltflanken auftreten [81]. Trotz der Betriebsweise als Tiefsetzsteller lässt sich dieses Verhalten auch am hier verwendeten Prototyp messtechnisch nachweisen. Zur Veranschaulichung des Effekts zeigt Abbildung 5.12 die Ausgangsspannung $u_{Out}(t)$ über einer Schaltperiode für drei verschiedene Duty-Cycles. Mit diesen Tastgraden korrelieren die mittleren Ausgangsströme $I_{Out,50\%} = 1{,}5\,A$, $I_{Out,30\%} = 900\,mA$ und $I_{Out,10\%} = 300\,mA$. In der Detailansicht der steigenden Spannungsflanke zeigt sich keinerlei Abhängigkeit der Flankensteilheit vom Duty-Cycle. Für die fallende Spannungsflanke zeigt sich jedoch eine starke Abhängigkeit. Während zwischen 30 % und 50 % kaum ein Unterschied in der Schaltdauer zu erkennen ist, verringert sich die Schaltgeschwindigkeit mit weiter abnehmendem Duty-Cycle deutlich. Von etwa 100 ns Schaltdauer bei 50 % hat sich diese auf ca. 300 ns bei 10 % verdreifacht.

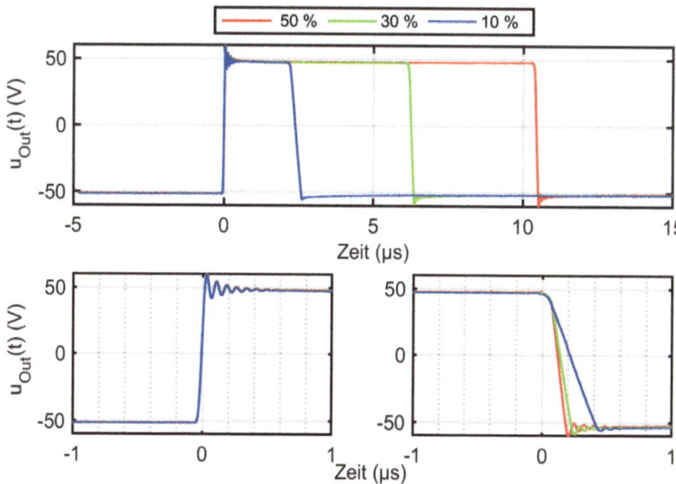

Abbildung 5.12: Vergleich der Flankensteilheit der Ausgangsspannung U_{Out} in Abhängigkeit des Duty-Cycles

Aufgrund der fest ausgelegten Hardware für die Pulserzeugung, kann der Einfluss des Ausgangsstroms auf die Schaltgeschwindigkeit nicht durch ein Anpassen der Flankensteilheit des Kompensationspulses im Betrieb berücksichtigt werden. Stattdessen hat sich für kleine Duty-Cycles herausgestellt, dass sich der negative Einfluss minimieren lässt, indem die zu steile Kompensationsflanke in der Mitte der langsamen Flanke der Störanregung geschaltet wird. Somit kann der negative Einfluss einer Änderung im Duty-Cycle durch Nachführen der Synchronisation im Betrieb abgemildert werden.

Außer der Flankensteilheit der Ausgangsspannung wird durch den Ausgangs-strom in geringem Maß auch die Schaltverzugszeit der Halbbrücke beeinflusst. Für die Pulskompensation wird die Schaltverzugszeit anhand des Signalpfads vom FPGA zum Leistungs-MOSFET definiert. Da die Synchronisation zwischen Störanregung und Kompensationssignal im FPGA berechnet wird, muss die Transmissionszeit durch diesen gesamten Signalpfad berücksichtigt werden (vgl. Abbildung 5.3). Mit bis zu 140 ns Transmissionszeit der optischen Konverter und etwa 50 ns für den Gate-Treiber ist der Einfluss zwar annähernd konstant, aber durchaus signifikant für die Synchronisation. Die gesamte Transmissionszeit muss daher bei der Synchronisation berücksichtigt werden.

Zusätzlich zur Transmissionszeit im Signalpfad kommt die Schaltverzugszeit des Leistungs-MOSFETs hinzu. Diese variiert in geringem Maß mit dem Laststrom. Die gesamte Schaltverzugszeit vom FPGA zur Ausgangsspannung des Tiefsetz-stellers ist in Abbildung 5.13 für zwei verschiedene Duty-Cycles über einem

Schaltspiel dargestellt. Die Spannungsverläufe für die Schaltsignale $u_{Schalt,FPGA}(t)$ sind die Ausgangssignale, zwischen FPGA und optischem Sender gemessen. Für den Einschaltfall tritt ein konstanter Schaltverzug von etwa 200 ns für beide Betriebspunkte (30 % und 10 %) auf. Wie auch bei der Flankensteilheit ist für den Schaltverzug keine Abhängigkeit vom Betriebspunkt zu messen. Für den Ausschaltfall beträgt die gesamte Schaltverzugszeit bei 30 % Duty-Cycle etwa 290 ns. Bei 10 % ist ein Anstieg der Schaltverzugszeit um etwa 10 ns auf 300 ns Gesamtverzug messbar. Hinsichtlich der Auswirkung auf die Flankensteilheit und der damit notwendigen Anpassung der Synchronisation ist der Effekt auf die Schaltverzugszeit jedoch vernachlässigbar gering.

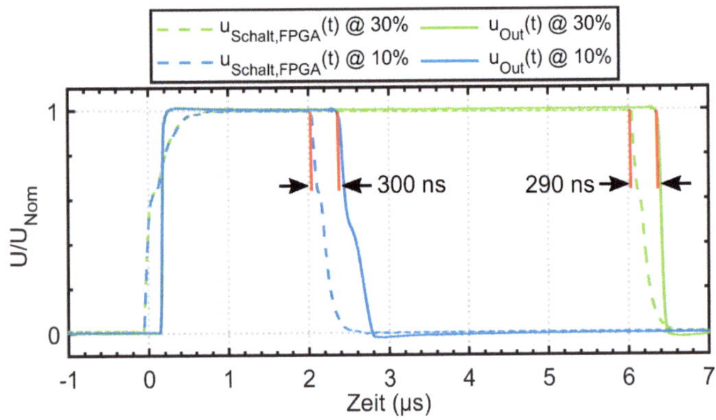

Abbildung 5.13: Vergleich zwischen dem Schaltsignal des FPGAs und des Spannungsverlaufs der Ausgangsspannung $u_{Out}(t)$

Bedingt durch die Signalverarbeitung im FPGA wird das Kompensationssignal aus den Schaltsignalen erzeugt. Im Fall von Abbildung 5.13 ist dies $u_{Schalt,FPGA}(t)$. Damit wird bei einer Veränderung des Duty-Cycles die Pulsdauer automatisch mit dem Kompensationssignal abgeleitet. Nur die Schaltverzugszeit durch die Signalkette bzw. die veränderten Schaltflanken von $u_{Out}(t)$ müssen manuell synchronisiert werden.

Nach der Analyse der Abhängigkeit des Schaltverhaltens vom Ausgangsstrom, werden die Auswirkungen veränderter Betriebszustände auf das Emissionsspektrum betrachtet. Die leitungsgeführten Emissionen des Tiefsetzstellers mit Pulskompensation im passiven Betrieb zeigt Abbildung 5.14 für die drei untersuchten Betriebspunkte im Frequenzbereich von 10 kHz bis 30 MHz. Zwischen den Spektren von 30 % und 50 % besteht quasi kein Unterschied, bis auf einzelne Harmonische die im Maximum bei 30 % etwa 5 dB weniger Pegel aufweisen. Aufgrund der geringeren Flankensteilheit der fallenden Spannungsflanke (vgl. Abbildung 5.12) weist der Betriebspunkt von 10 % oberhalb von 1 MHz einen um

6 dB niedrigeren Spannungspegel auf. Mit Hinblick auf die Filterdämpfung der Pulskompensation spielt dieser Unterschied bei den Betriebspunkten jedoch keinen signifikanten Einfluss. Unterschiede im Dämpfungsverhalten der aktiven Pulskompensation können somit auf deren Betriebsweise zurückgeführt werden.

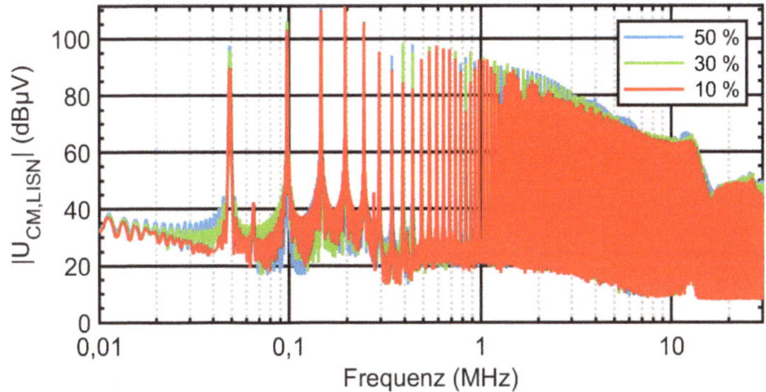

Abbildung 5.14: Gleichtaktstörspannung des Tiefsetzstellers mit Pulskompensation im passiven Betrieb für die drei betrachteten Betriebspunkte $m = 0{,}5$, $m = 0{,}3$, $m = 0{,}1$

Der Einfluss des Synchronisationsfehlers durch einen geänderten Betriebspunkt wird am Beispiel eines stationären Wechsels von 50 % auf 10 % Duty-Cycle verdeutlicht. Dabei wird die Synchronisation optimal auf den Betriebspunkt 50 % eingestellt. Anschließend wird der Duty-Cycle auf 10 % abgesenkt, die Synchronisation jedoch nicht angepasst. Durch die Ableitung des Kompensationssignals vom Schaltsignal im FPGA wird die geänderte Pulsbreite automatisch korrigiert. Die Nachsynchronisation, die die deutlich langsamere Ausschaltflanke im Fall von 10 % Duty-Cycle (vgl. Abbildung 5.12) erfordert, wird jedoch nicht berücksichtigt. Somit ergibt sich ein Kompensationsfehler der fallenden Spannungsflanke von etwa 150 ns.

Der Einfluss des stark veränderten Schaltverhaltens und des daraus resultierenden Kompensationsfehlers im statischen Betriebsfall ist auch im Störspektrum zu erkennen. Abbildung 5.15 zeigt eine Messung der Gleichtaktspannung mit passiver bzw. statisch synchronisierter Pulskompensation bei 100 V_{DC} Eingangsspannung und einem Duty-Cycle von 10 %. Für den Fall der idealen Synchronisation (rotes Spektrum) der Kompensationspulse im Betriebspunkt mit 10 % Modulation zeigt die Pulskompensation bis 1 MHz eine Dämpfung von 20 bis 50 dB, mit einer Gesamtbandbreite von 2 MHz. Im Vergleich zu den Ergebnissen aus Abbildung 5.7 wird durch den deutlich geringeren Duty-Cycle die wirksame Bandbreite der Pulskompensation von 6 MHz auf 2 MHz erheblich eingeschränkt. Aufgrund der stark veränderten Schaltflanke bei 10 % Duty-Cycle entsteht ein größerer Kompensationsfehler, der sich negativ auf die Filterdämpfung im Bereich oberhalb von 1 MHz auswirkt. Ist ein Betrieb in diesem Bereich vorgesehen, muss die Flankensteilheit der fallenden Flanke des Kompensationspulses reduziert werden. Wird für die Synchronisation jedoch der Betriebspunkt der Pulskompensation nicht angepasst und die Korrekturfaktoren bei 50 % belassen (graues Spektrum), so reduziert sich die Filterdämpfung bis 1 MHz um etwa 10 – 20 dB und ab 2 MHz ist keinerlei Kompensationswirkung mehr erkennbar.

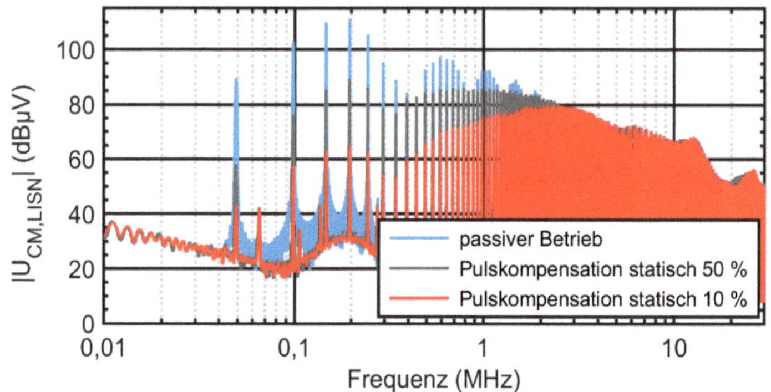

Abbildung 5.15: Vergleich der Gleichtaktstörspannung bei 10 % Modulationsgrad mit unterschiedlich synchronisierter Pulskompensation auf 50 % & 10 %

Erfolgt ein Wechsel des Arbeitspunkts während des Betriebs, muss die Synchronisation der Pulskompensation entsprechend angepasst werden. Die geänderte Pulsbreite wird zwar automatisch mit angepasst und die Signalkette vom FPGA bis zum Leistungs-MOSFET weist eine weitgehend vom Betriebspunkt unabhängige Verzugszeit auf, das Schaltverhalten und die damit entstehenden Zeitabweichungen im Bereich von einigen 10 ns haben jedoch einen signifikanten negativen Einfluss auf die erreichbare Filterdämpfung. Eine Möglichkeit hierzu wäre die Verwendung eines Kennfelds für verschiedene Arbeitspunkte. Nach der Ermittlung der einzustellenden Zeitverschiebungen für jeden Betriebspunkt kann die Synchronisation mit Hilfe dieses Kennfelds automatisch angepasst werden. Die Limitierung dieses Vorgehens ist jedoch, dass andere äußere Einflüsse auf das Schaltverhalten, wie bspw. Temperatur- und Alterungseinflüsse, nicht ohne weiteres kompensiert werden können.

5.4 Nachgeführte Pulskompensation für einen Tiefsetzsteller

Statt eines Kennfelds kann zur Synchronisation alternativ auch eine automatische Nachführung zum Einsatz kommen. In diesem Abschnitt werden zuerst die notwendige Hardware für die automatische Nachführung und die Berechnung der Korrekturfaktoren für die Synchronisation vorgestellt. Die Validierung des Konzepts erfolgt anschließend im Komponententest für den Betrieb mit statischen Veränderungen des Duty-Cycles. Abschließend soll die Eignung der automatischen Nachführung unter dynamisch moduliertem Tastgrad demonstriert werden.

5.4.1 Funktionsweise des kapazitiven Feedbackabgriffs

Über einen gemischt ohmsch-kapazitiven Spannungsteiler wird die Ausgangsspannung $u_{Out}(t)$ der Halbbrücke erfasst. Für die Berechnung der Synchronisation ist ausschließlich der genaue Zeitpunkt der Schaltflanke ausschlaggebend. Daher wird der gemischte Spannungsteiler so eingestellt, dass dessen Ausgangssignal im Eingangsbereich des Digitalisolators liegt. Somit wird das analoge Eingangssignal in ein digitales Ausgangssignal gewandelt. Die notwendige Hardware ist in Abbildung 5.16 als vereinfachtes Schaltbild dargestellt. Die Kapazitäten C_1 und C_2 bilden den Spannungsteiler. Die Zeitkonstanten von Primär- und Sekundärteil werden über R_1 und R_2 angeglichen [82]. Der Digitalisolator sorgt für eine ausreichende Spannungsfestigkeit im Fehlerfall und erzeugt das digitale Ausgangssignal für den FPGA.

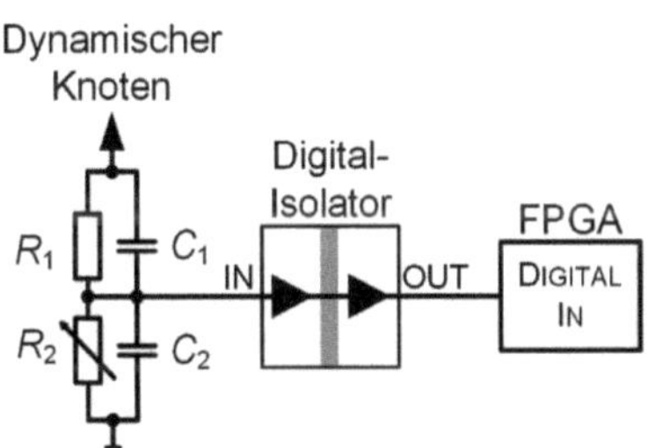

Abbildung 5.16: Schaltung zur Erfassung des Feedbacksignals

Bei der Konvertierung des Analogsignals in ein binäres Digitalsignal geht zwar die Information über den Spannungsverlauf verloren, der Schaltzeitpunkt der Flanken bleibt jedoch im Digitalsignal abgebildet. Dies bringt den Vorteil, dass die Realisierung in Hardware auf einen A/D Wandler verzichten kann, was die Kosten der Nachführung deutlich senkt. Der Pegel, ab dem der Digitalisolator bei einer Eingangsflanke von $u_{Out}(t)$ schaltet, ergibt sich über den jeweiligen Logikpegel und die Schalthysterese des Digitalisolators. Ein weiterer Vorteil dieser Methode ist die Isolation von bis zu 1500 V, die der Baustein mit sich bringt. Damit ist die

Ansteuerlogik auch im Fehlerfall der Kapazitäten ausreichend gut vor Überspannungen geschützt.

Mit Hilfe des digitalen Feedbacksignals kann die notwendige Korrektur der Kompensationszeitpunkte ermittelt werden. Abbildung 5.17 zeigt eine schematische Darstellung des zeitlichen Ablaufs des Ansteuersignals $u_{FPGA}(t)$, der Ausgangsspannung $u_{Out}(t)$ des Konverters und des Feedbacksignals $u_{Feedback}(t)$ vom Konverterausgang. Die Spannungen sind zur besseren Vergleichbarkeit mit ihrem Nominalwert U_{Nom} auf ‚1' normiert. Zwischen dem Schaltsignal $u_{FPGA}(t)$ und dem Mittelpunkt der ansteigenden Spannungsflanke von $u_{Out}(t)$ liegt die Schaltverzugszeit Δt_{SVZ} durch die Signalkette vom FPGA zum Leistungs-MOSFET. Die Definition der Schaltverzugszeit erfolgt in dieser Form, weil sich der Zustand des Logikbausteins zur Erzeugung von $u_{Feedback}(t)$ etwa in der Mitte der Schaltflanke ändert. Eine mögliche Laufzeit $t_{Delay,Feedback}$ des Feedbacksignals $u_{Feedback}(t)$ zum FPGA ist in dieser Darstellung zunächst nicht abgebildet, wird im Folgenden jedoch berücksichtigt.

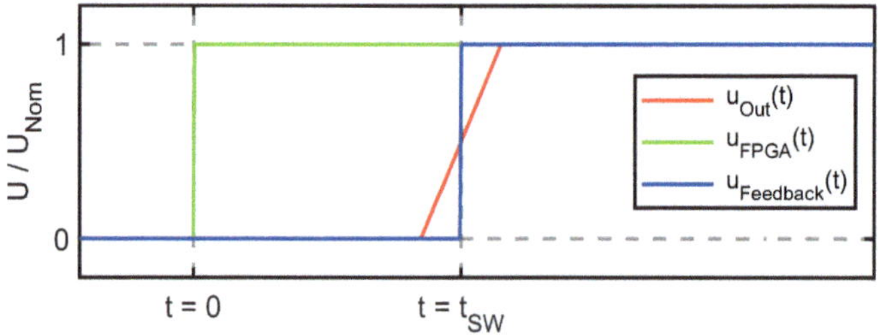

Abbildung 5.17: Schematische Darstellung des zeitlichen Ablaufs der Schaltsignale zum Feedbackabgriff

Der FPGA kann aus dem Vergleich von $u_{FPGA}(t)$ und $u_{Feedback}(t)$ die Schaltverzugszeit Δt_{SVZ} nach (5-4) ermitteln.

$$\Delta t_{SVZ} = t_{SW} - t_{Delay,Feedback} \tag{5-4}$$

Die Zeit t_{SW} kann im FPGA über einen Zähler ermittelt werden. Dieser wird gestartet, sobald das Schaltsignal $u_{FPGA}(t)$ den Zustand ändert. Trifft diese Zustandsänderung anschließend über das Feedbacksignal $u_{Feedback}(t)$ wieder am FPGA ein, kann t_{SW} mit einer Auflösung des FPGA-Takts ermittelt werden. Um einen möglichen Fehler durch die Transmissionszeit in der Feedbackkette zu kompensieren, wird t_{SW} noch um die Transmissionszeit $t_{Delay,Feedback}$ korrigiert. $t_{Delay,Feedback}$ wird jedoch hauptsächlich von der Transmissionszeit des Digitalisolators bestimmt, womit dieser statische Wert dem Datenblatt des Bausteins entnommen werden kann.

Aus der Schaltverzugszeit Δt_{SVZ} kann anschließend die Korrektur der Synchronisation berechnet werden. Um die Synchronisation zwischen $u_{Komp}(t)$ und $u_{Out}(t)$ möglichst ideal zu realisieren, wird die Mitte der Schaltflanke von $u_{Komp}(t)$ auf den Zustandswechsel von $u_{Feedback}(t)$ gelegt. Diesen Zusammenhang zeigt Abbildung 5.18 im zeitlichen Verlauf der normierten Spannungen. Hierbei wird ausgenutzt, dass das Schaltverhalten der Kompensation unabhängig von den Betriebspunkten ist. Die Flankensteilheit der Kompensation ergibt sich aufgrund der Gesamtkapazität am Injektionspunkt und ist somit für einen bestimmten Hardwareaufbau konstant. Über einen Widerstand am Ausgang der Pulserzeugung von $u_{Komp}(t)$ lässt sich die Flankensteilheit einstellen.

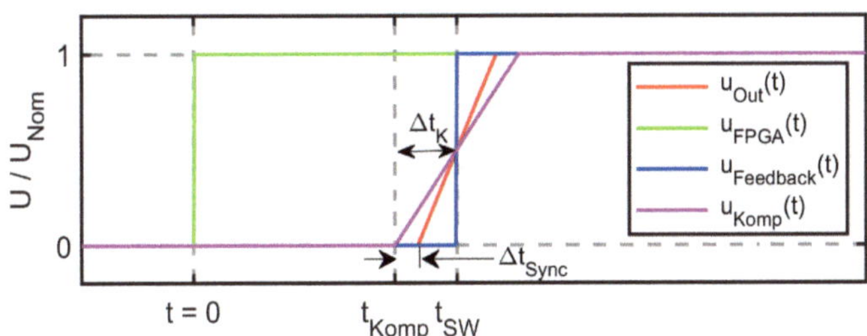

Abbildung 5.18: Schematische Darstellung des zeitlichen Ablaufs der Schaltsignale zum Feedbackabgriff ergänzt um die Kompensationsspannung

Der Beginn von $u_{Komp}(t)$ muss um die halbe Anstiegszeit Δt_K zu $u_{Feedback}(t)$ versetzt werden. Diese Kalibrierung wird einmal an einem beliebigen Betriebspunkt durchgeführt. Dabei kann ebenfalls die konstante Zeitverschiebung t_{Komp} bestimmt werden. Es ergibt sich der Zusammenhang nach (5-5)

$$\Delta t_K = t_{SW} - t_{Komp} \qquad (5\text{-}5)$$

Mit Δt_K und Δt_{SVZ} kann die Zeitdifferenz zur Synchronisation der Pulse $u_{Komp}(t)$ und $u_{Out}(t)$ berechnet werden.

$$\Delta t_{Sync} = \Delta t_{SVZ} - \Delta t_K \qquad (5\text{-}6)$$

Die Zeitdifferenz Δt_{Sync} beschreibt dabei die notwendige Korrektur der Ansteuerpulse für den Kompensationspuls. Für die Erzeugung der Ansteuersignale für den Leistungs-MOSFET $u_{FPGA}(t)$ und die Kompensationseinheit $u_{Komp}(t)$ heißt dies, dass $u_{Komp}(t)$ um Δt_{Sync} später als $u_{FPGA}(t)$ ausgegeben werden muss. Für den Fall, dass im Signalpfad der Kompensation ebenfalls signifikante, statische Transmissionszeiten ($t_{Transmission} > 1/f_{Takt,FPGA}$) auftreten, muss Δt_{Sync} gegebenenfalls um diese korrigiert werden.

Die Synchronisation zwischen $u_{Komp}(t)$ und $u_{FPGA}(t)$ wird mit Hilfe von Δt_{Sync} immer zur nachfolgenden Schaltperiode korrigiert. Daher läuft die Synchronisation dem tatsächlichen Zustand immer eine Schaltperiode hinterher. Änderungen im Betriebszustand können somit nur korrigiert werden, wenn diese länger als eine Schaltperiode den gleichen Duty-Cycle aufweisen oder die Änderung des Duty-Cycles nur in kleinen Schritten erfolgt. Im zweiten Fall existiert zwar eine Fehlsynchronisation, aufgrund der geringen Abweichung muss jedoch mit keinem großen Verlust der Filterdämpfung gerechnet werden.

Anhand der gemessenen Spannungsverläufe von $u_{Out}(t)$, $u_{Komp}(t)$ und dem Logikpegel des Digitalisolators in Abbildung 5.19 lässt sich die Funktionsweise überprüfen. Für den Einschaltvorgang wird der Logikpegel sehr genau in der Hälfte der steigenden Flanke von $u_{Out}(t)$ gewechselt. $u_{Komp}(t)$ wird so gestartet, dass die Schaltflanken etwa übereinander liegen. Aufgrund des kurzzeitigen Spannungseinbruchs in der steigenden Flanke liegen beide Schaltflanken nicht perfekt übereinander. Für den Ausschaltvorgang ist die Flankensteilheit von $u_{Komp}(t)$ deutlich höher als die von $u_{Out}(t)$. Dieser Effekt wird etwas kompensiert, indem sich die Schaltflanken mittig schneiden.

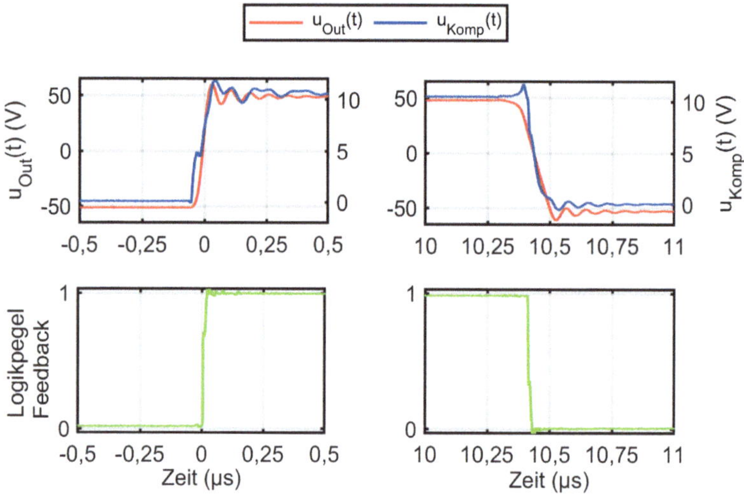

Abbildung 5.19: Spannungsverlauf von $u_{Komp}(t)$ und $u_{Out}(t)$ während eines Schaltzyklus im eingeschwungenen Zustand. Parallel dazu der Logikpegel des Feedbacksignals am FPGA

Sowohl der Einschaltvorgang, als auch der Ausschaltvorgang von U_{Komp} beginnen vor dem Zustandswechsel des Logikpegels des Feedbacksignals. Da sich das System im eingeschwungenen Zustand befindet, stellt der Logikpegel das Feedback für den folgenden Schaltzyklus dar.

5.4.2 Validierung im Komponententest

Der Nachweis der korrekten Synchronisation durch die automatische Nachführung kann durch den Vergleich mit der idealen statischen Synchronisation erbracht werden. Hierzu ist in Abbildung 5.20 das Störspektrum für den Betrieb mit 50 % Duty-Cycle dargestellt. Neben dem passiven und statisch synchronisierten Betrieb des Pulskompensation (vgl. Abbildung 5.7) ist der Betrieb mit automatischer Nachführung gezeigt. Die Nachführung verursacht im vorliegenden Betriebsfall eine Reduzierung der Dämpfung um 5 – 10 dB im Frequenzbereich bis 3 MHz. Die Bandbreite von 6 MHz wird jedoch nicht beeinträchtigt. Oberhalb von 3 MHz liegen die Emissionskurven für statische und automatische Synchronisation übereinander. Somit verursacht die automatische Nachführung keine Verschlechterung des Emissionsspektrums in diesem Frequenzbereich.

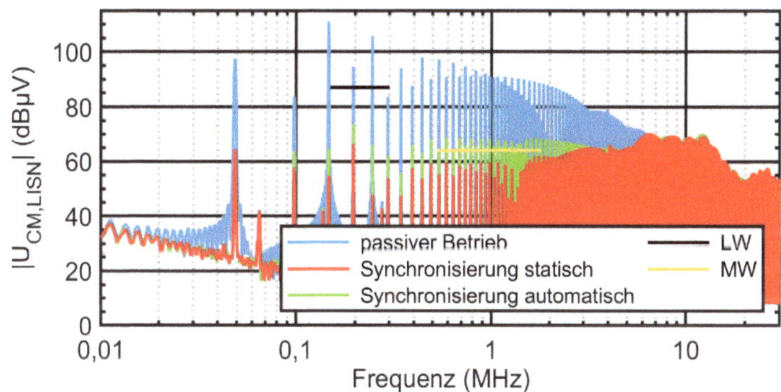

Abbildung 5.20: Auswirkung der automatischen Nachführung auf die Gleichtaktstörspannung bei idealer Synchronisation

Die verbleibende Dämpfung von 20 bis 45 dB im LW Bereich reicht aus, um die Entstörung vollständig mit der Pulskompensation zu realisieren. Zur Entstörung im MW Bereich muss eine kleine passive Filterstufe ergänzend zur Pulskompensation verwendet werden, damit im Betrieb mit automatischer Nachführung die notwendige Dämpfung sichergestellt werden kann. Dennoch kann festgehalten werden, dass der Betrieb mit automatischer Nachführung nur geringe Einbußen der erreichbaren Filterdämpfung im Vergleich zum optimalen Betriebspunkt der Pulskompensation mit sich bringt.

Bei genauer Betrachtung der Synchronisation der normierten Kompensationspulse $u_{\text{Komp,stat}}(t)$ bzw. $u_{\text{Komp,auto}}(t)$ im Vergleich zur normierten Störanregung $u_{\text{Out}}(t)$ im Zeitbereich in Abbildung 5.21 ist zu sehen, dass während der steigenden Flanke beide Kompensationspulse zum nahezu identischen Zeitpunkt beginnen. Der grau schraffierte Bereich stellt die Einstellgenauigkeit des FPGAs von 10 ns dar. Die Zeitdifferenz zwischen dem ideal synchronisierten Kompensationspuls $u_{Komp,stat}(t)$ und dem automatisch nachgeführten Puls $u_{Komp,auto}(t)$ liegt deutlich unterhalb der Einstellgenauigkeit des FPGAs. Für die fallende Flanke zeigt sich ein ähnliches Bild. Die Zeitdifferenz zwischen $u_{Komp,stat}(t)$ und $u_{Komp,auto}(t)$ liegt mit 10 ns genau im Bereich der Einstellgrenze des FPGAs. Je nach Spannungsniveau der Auslöseschwelle des Feedbacksignals können die Korrekturfaktoren der Synchronisation um einen FGPA-Zyklus von 10 ns variieren. Die Zeitdifferenz zwischen der idealen, statischen und der automatisch nachgeführten Pulskompensation, bezogen auf den Puls $u_{Out}(t)$, resultiert somit aus der Einstellgenauigkeit des FPGAs. Folglich wird der Unterschied der Gleichtaktstörspannung in Abbildung 5.20 durch die Einstellgenauigkeit des FPGAs verursacht. Bei einer höheren Taktrate und damit einer kürzeren Zykluszeit, kann der Unterschied zwischen statischer und automatisch nachgeführter Synchronisation reduziert werden und der Dämpfungsunterschied verschwindet.

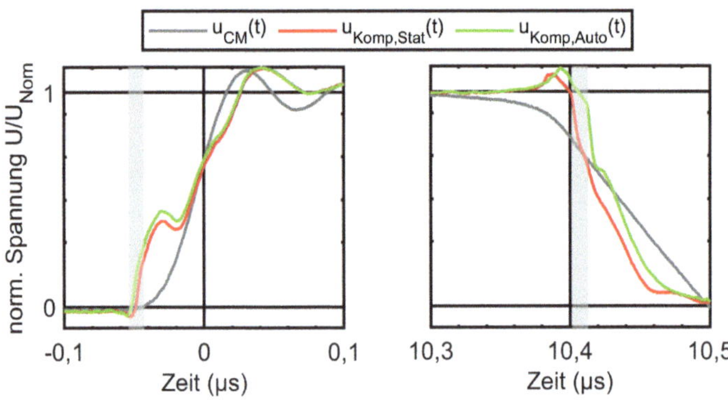

Abbildung 5.21: Spannungsverlauf von $u_{Out}(t)$ im Vergleich zu $u_{Komp,stat}(t)$ und $u_{Komp,auto}(t)$ während eines Schaltzyklus im eingeschwungenen Zustand.

Die Vorteile der automatischen Nachführung zeigen sich bei einer stationären Änderung des Betriebspunkts. Für die Auswertung einer stationären Variation in Abbildung 5.22 wird das Beispiel aus Abschnitt 5.3.3 herangezogen. Der Betriebspunkt des Tiefsetzstellers wurde von 50 % auf 10 % Duty-Cycle geändert. Der Fall der statischen Synchronisation stellt den manuell eingestellten Optimalfall dar. Die automatische Nachführung korrigiert die Synchronisation ohne manuelle Eingriffe und erzielt ein ähnliches Störspektrum. Lediglich zwischen 150 kHz und 800 kHz mindert sich die Dämpfung im Maximum um etwa 15 dB. Aufgrund der hohen Dämpfung in diesem Frequenzbereich ist diese Verschlechterung hinsichtlich einer Grenzwerteinhaltung für den LW Bereich jedoch unkritisch. Gerade im Frequenzbereich um 1 MHz, in dem die Pulskompensation bei

10 % Duty-Cycle nur noch relativ geringe Dämpfungswerte erzielt, kann die automatische Nachführung den Optimalfall erreichen. Die Dämpfung reicht in diesem Betriebsfall jedoch nicht zur Einhaltung des MW Grenzwerts aus. Oberhalb von 10 MHz erhöht sich das Spektrum stellenweise um etwa 5 dB. Um dies zu vermeiden und die Dämpfung oberhalb von 400 kHz zur Einhaltung des MW Grenzwerts zu erhöhen, muss die Flankensteilheit der Kompensationspulse besser auf die der Störanregung angepasst werden (vgl. Abbildung 5.12).

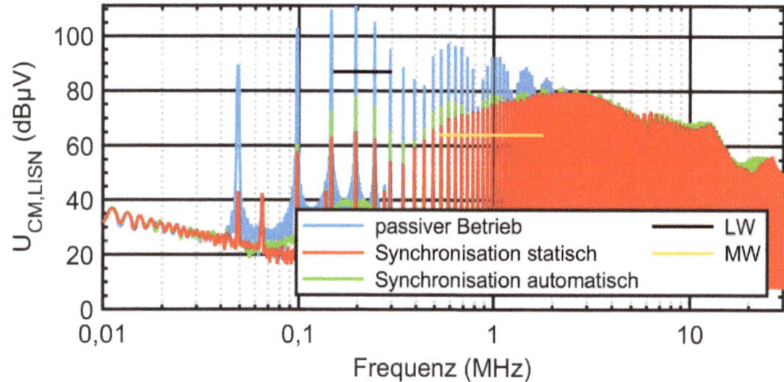

Abbildung 5.22: Vergleich der Gleichtaktstörspannung bei 10 % Modulationsgrad mit unterschiedlich synchronisierter Pulskompensation (10 % und Nachführung)

5.4.3 Transfer auf ein emuliertes Reglerverhalten

Statt eines sprunghaften Wechsels des Arbeitspunkts tritt in der Realität ein kontinuierliches Anpassen des Betriebspunkts des Tiefsetzstellers auf. Im Normalfall wird aufgrund veränderter Lastsituationen oder einer Abweichung der Eingangsspannung von ihrem Nominalwert der Betriebspunkt durch einen Spannungs- oder Stromregler für den Konverterausgang geregelt.

Um ein solches Verhalten nachzubilden, wird der Duty-Cycle des Tiefsetzstellers sinusmoduliert betrieben. Abbildung 5.23 zeigt einen Vergleich der Betriebsmodi aus dem vorigen Abschnitt (Konstantbetrieb) und dem sinusmodulierten Duty-Cycle. Der Betriebspunkt variiert dabei zwischen 25 % und 35 % mit einer Periodendauer von 1 ms.

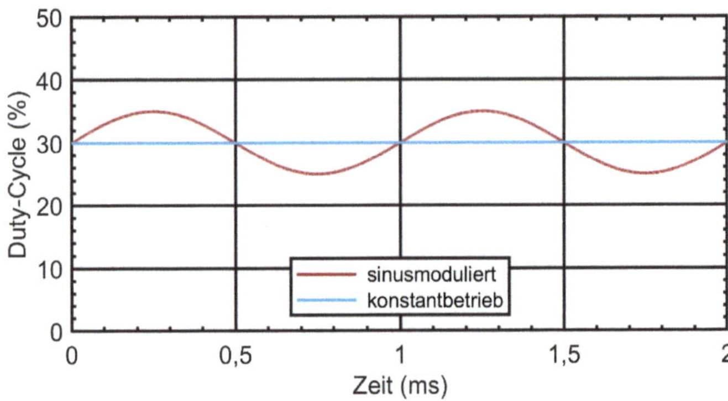

Abbildung 5.23: Emuliertes Reglerverhalten durch sinusmodulierten Duty-Cycle

Für die Synchronisation der Pulskompensation ist relevant, ob es sich bei der periodischen Änderung um einen quasistationären oder dynamischen Vorgang handelt. Im quasistationären Fall ist die resultierende Änderung des Schaltverhaltens zwischen den einzelnen Schaltvorgängen der PWM vernachlässigbar klein. Dies ist der Fall, wenn die Schaltfrequenz deutlich größer als die Frequenz der Änderung des Modulationsgrads ist. Für den Betrieb mit einer Schaltfrequenz f_c = 49,9 kHz, die etwa dem 50-fachen der Sinusfrequenz von 1 kHz entspricht, kann diese Bedingung als erfüllt angenommen und der Betrieb als quasistationär angesehen werden.

Den Vergleich zwischen der Störemission im sinusmodulierten Betrieb mit Pulskompensation im passiven Betrieb und Pulskompensation im aktiven Betrieb zeigt Abbildung 5.24. Im Frequenzbereich unterhalb von 1 MHz erreicht die Pulskompensation zwischen 30 – 50 dB Dämpfung. Im MW-Frequenzbereich von 530 kHz bis 1,8 MHz können noch etwa 20 dB Dämpfung bereitgestellt werden. Mit einer Bandbreite von 5 MHz lassen sich die Ergebnisse des stationären Betriebs auch im sinusmodulierten Betrieb erreichen.

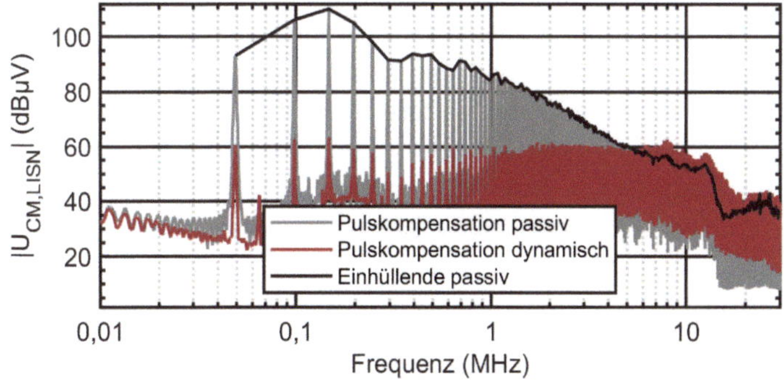

Abbildung 5.24: Vergleich der Gleichtaktstörspannung bei sinusmodulierten Duty-Cycle ohne und mit Pulskompensation

Die Auswertung zeigt, dass die automatische Nachführung der Pulskompensation auch unter quasistationären Betriebspunkten gute Dämpfungswerte erzielen kann. Die Pulskompensation kann somit auch im nicht stationären Betrieb zur Entstörung von leistungselektronischen Systemen angewandt werden. Diese Eigenschaft ist mit Hinblick auf den Betrieb an einem PWR zwingend erforderlich.

5.5 Grenzen der Pulskompensation bei stationär getakteten Systemen

Bei der Auslegung eines Systems zur Pulskompensation für einen DC/DC Wandler sollten einige Grenzen der Hardware und die damit einhergehenden Limitierungen der Dämpfung berücksichtigt werden.

Die wichtigste Begrenzung stellt der Hardwareaufbau des Wandlers an sich dar. Die Pulskompensation basiert auf der konstanten Übertragung der Störanregung an den Kompensationspunkt. Diese Übertragungsfunktion wird in Abschnitt 4.2.1 zur Ermittlung der notwendigen Pulsamplitude verwendet. Befinden sich in diesem Übertragungspfad größere Induktivitäten (bspw. parasitäre Leitungsinduktivitäten, Speicherinduktivitäten o.ä.), weicht das Übertragungsverhältnis zunehmend von einem konstanten Wert über der Frequenz ab. Folglich decken sich Störanregung und Kompensationspuls in ihrem Kurvenverlauf nicht mehr ideal und die Dämpfung wird negativ beeinflusst. Aufgrund der zunehmenden Miniaturisierung der Komponenten wird jedoch der Einfluss parasitärer, induktiver Effekte reduziert, was sich aus Sicht der Pulskompensation positiv auf die Übertragungsfunktion der Störpulse auswirkt.

Des Weiteren demonstrieren die Ergebnisse aus Abbildung 5.20 und Abbildung 5.22, dass die automatische Nachführung zur Korrektur der Synchronisation bei sprunghaften Änderungen des stationären Betriebspunkts verwendet werden kann. Die Abweichungen zu den optimal synchronisierten Betriebszuständen können, aufgrund der hohen Dämpfung der Pulskompensation, vernachlässigt werden. Es ist jedoch zu sehen, dass sich die Performance der Pulskompensation bei extremen Variationen des Betriebspunkts, wie dem Sprung von 50 % auf 10 % Duty-Cycle, erheblich verschlechtert. Um dies zu kompensieren wäre eine Anpassung der Flankensteilheit der Kompensationspulse nötig. Diese kann beispielsweise über geeignete Vorwiderstände angepasst werden. Alternativ können auch kommerziell verfügbare, regelbare Gate-Treiber zur Problemlösung beitragen. Dabei wird ein bestimmter Betriebsbereich vorausgesetzt. Wird dieser überschritten, reduziert sich die Dämpfung unweigerlich. Daher limitiert auch die Auslegung der Flankensteilheit die Performance der Pulskompensation und muss im Designprozess berücksichtigt werden.

Zuletzt hat die Auswertung des Synchronisationsfehlers, aus Abschnitt 4.2.2, einen weiteren wichtigen Einflussparameter aufgezeigt. Die maximal erreichbare Genauigkeit der Synchronisation zwischen Kompensationspuls und Störanregung wird über den minimalen Zeitschritt des FPGAs bestimmt. Im Fall der realisierten Hardware kann ein minimaler Unterschied von 10 ns ausgeglichen werden. Kleinere Abweichungen der Synchronisation lassen sich nicht mehr korrigieren. Wird die notwendige Dämpfung mit diesem Synchronisationsfehler nicht erreicht, muss die Taktgeschwindigkeit des FPGAs erhöht und damit der minimal einstellbare Zeitschritt reduziert werden.

6 Prädiktive Pulskompensation für dynamisch getaktete Systeme am Beispiel eines Pulswechselrichters

Unter quasistationären Betriebsbedingungen konnte die Funktion der Pulskompensation im vorigen Kapitel validiert werden. Dabei wird ausgenutzt, dass die Änderungen im Schaltverhalten zwischen den einzelnen Schaltzyklen nur geringe Auswirkung auf die Synchronisation haben. Die Validierung für dynamisch getaktete Systeme erfolgt anhand eines PWRs, dessen Schaltfrequenz nicht mehr deutlich höher als die Sinusfrequenz des Ausgangsstroms liegt. Durch den dreiphasigen Aufbau mit sinusmoduliertem Ausgangsstrom soll die Eignung der Methode auf komplexere Systeme demonstriert werden. Dabei stellen sowohl der geometrisch größere Aufbau, als auch die periodisch variierenden Schaltverzugszeiten wichtige Einflussparameter für die Pulsform und Synchronisation der Pulskompensation dar.

6.1 Anforderungen von dynamisch getakteten Systemen an die Kompensation

Im Vergleich zum stationär getakteten Betrieb, wie in Kapitel 5 vorgestellt, stellt sich beim dynamisch getakteten Betrieb ein zeitlich variierender Ausgangsstrom am PWR ein. Die Änderung der Stromamplitude und des Vorzeichens über einer Sinusperiode verursachen eine deutliche Streuung der Schaltverzugszeiten und der Flankensteilheit der Schaltvorgänge [81].

Um die Anforderungen an die Synchronisation festzulegen, wird das Schaltverhalten des Wechselrichters für eine Sinusperiode des Ausgangsstroms der Phase U analysiert. Die notwendigen Messpunkte zur Analyse des Schaltverhaltens sind in Abbildung 6.1 für eine Halbbrücke des Wechselrichters dargestellt. Als Referenzgrößen für die Schaltbefehle werden die Gate-Source Spannungen $u_{GS,HS}(t)$ und $u_{GS,LS}(t)$ der Leistungshalbleiter nach dem Gatewiderstand erfasst. Die Kommutierungsvorgänge der Halbbrücke werden anhand der Ausgangsspannung $u_{Out}(t)$ gegen die Tischmasse charakterisiert, da diese Spannung als Störanregung fungiert.

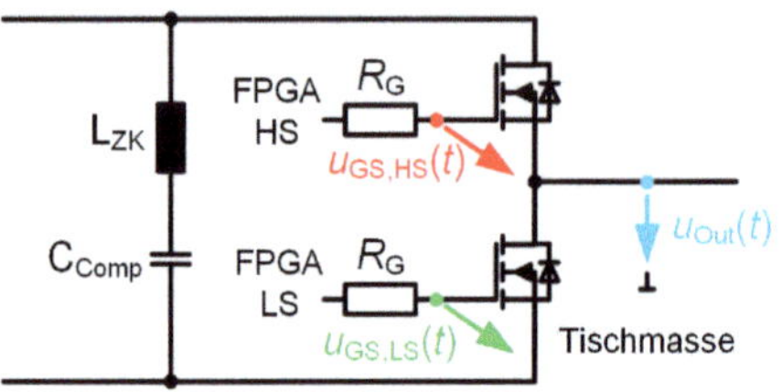

Abbildung 6.1: Messpunkte an einer Halbbrücke zur Ermittlung des Schaltverhaltens

Das in diesem Setup gemessene Schaltverhalten bildet also nur das Kommutierungsverhalten der Leistungs-MOSFETs ab. Die Transmissionszeit ab dem FPGA, wie in Abschnitt 5.3.3 gezeigt, ist in den Messungen nicht enthalten. Der Tiefsetzsteller aus Kapitel 5 und der PWR verwenden denselben Gate-Kreis zur Ansteuerung, somit ergeben sich identische Transmissionszeiten bis zum MOSFET-Gate.

Für den Fall einer Sinusmodulation mit f_{Sin} = 1 kHz und einem Modulationsgrad von m = 50 % bei einer DC-Spannung von 50 V_{DC}, was einem Ausgangsstrom von $I_{Out,eff}$ = 4,2 A entspricht, sind die Spannungsverläufe in Abbildung 6.2 zum Zeitpunkt des Stromnulldurchgangs dargestellt. Aufgrund der Umkehr der Stromrichtung im Nulldurchgang, stellt dieser den kritischen Punkt für die Kommutierung, d. h. für den Vorzeichenwechsel der Spannung $u_{Out}(t)$, dar. Für eine korrekte Synchronisation der Kompensationspulse über einer Sinusperiode des Ausgangsstroms muss der Stromnulldurchgang erkannt und die Zeitkorrekturen entsprechend angepasst werden. Andernfalls ergeben sich Synchronisationsfehler in der Größenordnung der Sperrzeit zwischen High-Side und Low-Side Schalter einer Phase. Im Fall eines Nulldurchgangs mit positivem Stromgradient wird die Kommutierung des Phasenabgangs durch den Schaltvorgang des High-Side Schalters bestimmt. Umgekehrt bestimmt der Low-Side Schalter die Kommutierung für einen Nulldurchgang mit negativem Stromgradient. Wie in Abbildung 6.2a zu sehen, wechselt die Kommutierung beim Vorzeichenwechsel von negativ nach positiv ebenfalls vom Low-Side Schalter auf den High-Side Schalter. In Abbildung 6.2b ist der Effekt umgekehrt, für den Vorzeichenwechsel des Stroms von positiv nach negativ, dargestellt. Dabei wechselt die Kommutierung vom High-Side Schalter zum Low-Side Schalter.

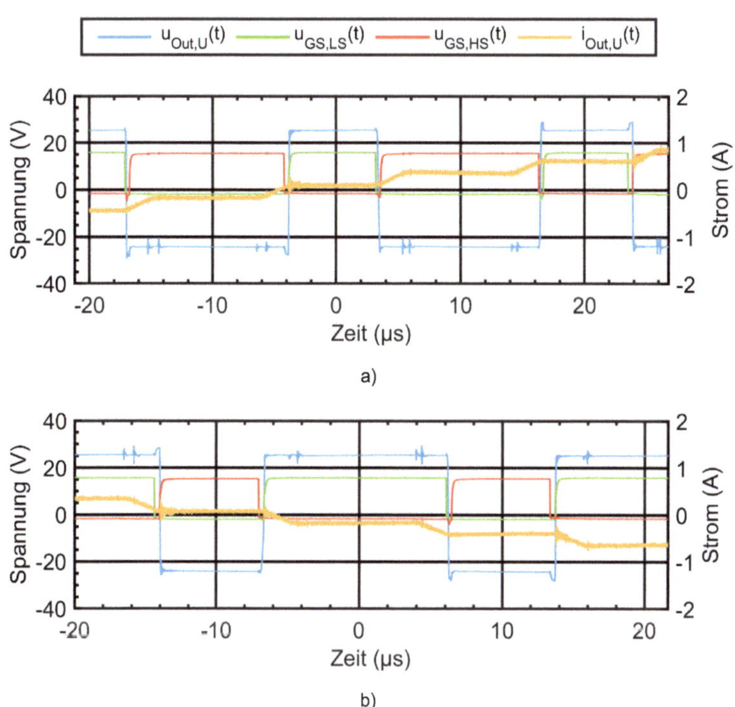

Abbildung 6.2: Schaltverzugsmessung bei 50 % Modulationsgrad und 50 V DC-Spannung, a) Nulldurchgang von $i_{Out}(t)$ mit positivem Stromgradient, b) Nulldurchgang von $i_{Out}(t)$ mit negativem Stromgradient

Neben dem sinusmodulierten Betrieb spielt in der Störemissionsprüfung vor allem die Nullmomentenmodulation eine entscheidende Rolle. Bei der Nullmomenten-modulation werden alle Phasenabgänge zeitgleich geschalten, wodurch kein Ausgangsstrom fließt. Wie in [5] gezeigt, ist die leitungsgeführte Gleichtaktemission eines Wechselrichters in diesem Betriebspunkt am größten und stellt somit die Worst-Case-Anregung dar. Da kein Ausgangsstrom fließt, weicht das Kommutie-rungsverhalten in diesem Betriebspunkt vom Betrieb mit Sinusmodulation ab.

In Abbildung 6.3 ist eine Spannungsmessung der Kommutierung des Phasen-abgangs über einem Schaltvorgang bei Nullmomentenmodulation und einer DC-Spannung von 50 V_{DC} dargestellt. Da in diesem Betriebspunkt $I_{Out} = 0$ A gilt, wurde auf die Darstellung des Ausgangsstroms im Diagramm verzichtet. Es sind lediglich die Gate-Source-Spannungen der beiden Halbleiter Q_1 und Q_2 sowie die Spannung am Phasenabgang $u_{Out}(t)$ der Phase U über der Zeit aufgetragen. Die Kommutierung der steigenden Flanke von $u_{Out}(t)$ korreliert mit der steigenden

Flanke des High-Side MOSFETs, während die fallende Flanke von $u_{Out}(t)$ mit der steigenden Flanke des Low-Side MOSFETs zusammenhängt. Da kein Strom in den Phasenabgang fließt, bleibt die parasitäre Ausgangskapazität so lange geladen, bis der zweite Schaltvorgang einsetzt und diese umlädt. Somit erfolgt die Kommutierung erst zum Schaltvorgang nach der jeweiligen Sperrzeit.

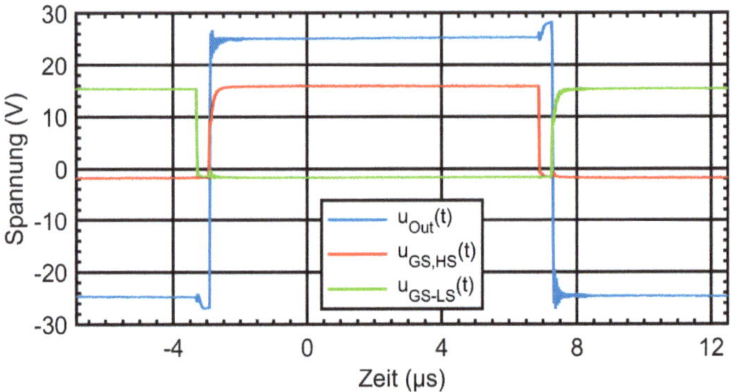

Abbildung 6.3: Kommutierung des Phasenabgangs bei Nullmomentenmodulation an Halbbrücke U

Zudem ist in Abbildung 6.3 die Sperrzeit von 400 ns zwischen den beiden Gate-Signalen gut erkennbar. Diese wird benötigt, um ein gleichzeitiges Durchschalten von High-Side und Low-Side MOSFET zu verhindern. Andernfalls würde die DC-Spannungsversorgung über die beiden MOSFETs kurzgeschlossen, was deren Zerstörung zur Folge hätte. Diese Sperrzeit muss bei der Erzeugung der Kompensationssignale berücksichtigt werden. Andernfalls ergibt sich für die verzögerten Schaltvorgänge ein Synchronisationsfehler in Höhe der Sperrzeit.

Aus der Analyse des Schaltverhaltens lässt sich ableiten, dass für die Synchronisation der Kompensationspulse der Wechsel der kommutierenden Leistungs-MOSFETs relevant ist. Wird die Synchronisation während der Nulldurchgänge nicht angepasst, wird in einer der beiden Stromhalbwellen auf den falschen MOS-FET synchronisiert, was in einem Synchronisationsfehler in Höhe der Sperrzeit der Halbleiter während der kompletten positiven oder negativen Stromhalbwelle resultiert. Für eine korrekte Synchronisation ist somit die Kenntnis der Nulldurchgänge des Ausgangsstroms elementar wichtig. In der Praxis ist der Ausgangsstrom eines PWRs eine grundlegende Größe für die Regelung der angetriebenen Maschine und wird somit als Messgröße erfasst. Daher lässt sich dieser Parameter dann auch der Kompensation als Synchronisationsgröße zuführen und kann damit als bekannt vorausgesetzt werden.

Der Spezialfall der Nullmomentenmodulation muss von der Ansteuerung der Kompensation gesondert berücksichtigt werden. In diesem Betriebsfall sollte die Synchronisation eines Kompensationspulses immer auf die steigenden Flanken des High-Side bzw. Low-Side Schalters synchronisiert werden. Andernfalls ergibt sich für eine der beiden Flanken ebenfalls ein Synchronisationsfehler in Höhe der Sperrzeit der Leistungshalbleiter.

Nachdem die Anforderungen an die Synchronisation der Pulskompensation abgeleitet wurden, kann im nächsten Schritt die Definition der Anforderung an die Amplitude erfolgen. Wie in Kapitel 4.2.1 vorgestellt, wird für den PWR die Übertragungsfunktion der Pulskompensation analysiert. Diese wird anhand einer VNA-Messung bestimmt. In [83] wurde ein Ansatz zur Bestimmung der Übertragungsfunktion einer Halbbrücke zum Messabgriff der LISN vorgestellt. Es konnte gezeigt werden, dass die Halbbrücke im Frequenzbereich ausreichend genau als LTI[38]-System bestimmt werden kann [5]. Basierend auf dieser Annahme wird die Übertragungsfunktion der Pulskompensation im selben Betriebszustand wie in [5] im Frequenzbereich charakterisiert. Das zugehörige Ersatzschaltbild der Messung von Phase U zeigt Abbildung 6.4. Port 1 (P_1) des VNA wird für die Messung von $G_1(f)$ (vgl. (4-3)) am High-Side MOSFET zwischen Drain und Source angeschlossen, wobei der MOSFET bei der Messung im sperrenden Zustand ist. Wie auch schon beim Tiefsetzsteller in Abbildung 4.5 muss ein Übertrager zur galvanischen Entkopplung an $P1$ verwendet werden. Port 2 (P_2) wird als Referenzknoten direkt an die kurz-geschlossenen Zwischenkreisklemmen gegenüber der Tischmasse platziert. Der Low-Side MOSFET von Phase U wird im leitenden Zustand, die übrigen MOSFETS Q_3-Q_6 werden im sperrenden Zustand betrieben [83].

---

[38] LTI: linear time-invariant (engl., Lineares, zeitinvariantes System)

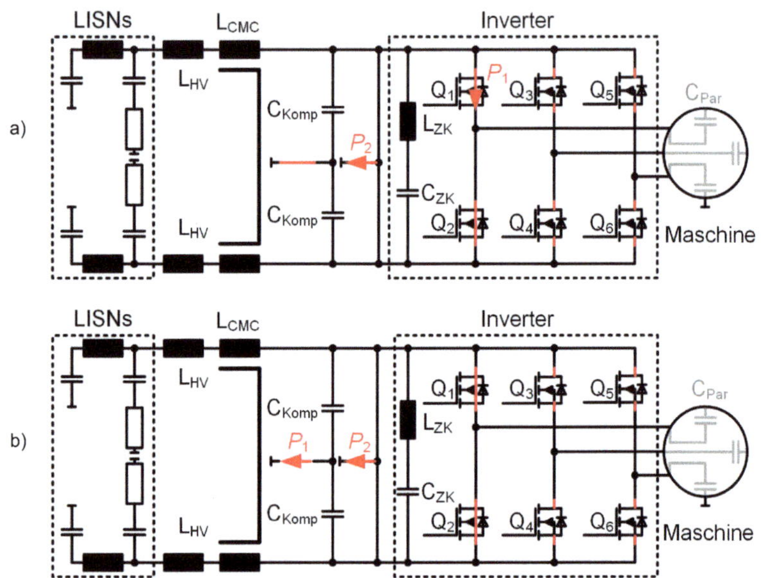

Abbildung 6.4: Messpunkte der VNA-Messung zur Bestimmung der Übertragungsfunktion für Phase U, a) Messung von $G_1(f)$ und b) Messung von $G_2(f)$

Die Übertragungsfunktion $G_2(f)$ wird nach Abbildung 6.4b zwischen dem Injektionspunkt und dem Referenzpunkt bestimmt. P1 ist an der Position des Gate-Treibers montiert. Gleichzeitig werden MOSFET Q_1 und Q_2 im leitenden Zustand betrieben. Die Spannungsübertragungsfunktionen der drei Phasen U, V und W der VNA-Messung nach (4-5) zeigt Abbildung 6.5 im Frequenzbereich von 30 kHz bis 100 MHz. Im Vergleich zur konstanten Spannungsübertragung des Tiefsetzstellers (vgl. Abbildung 4.6), weist der PWR aufgrund größerer parasitärer Einflüsse nur noch kleinere Frequenzabschnitte mit konstanter Spannungsübertragung auf. Im Bereich von etwa 20 kHz bis 80 kHz und ab etwa 300 kHz bis 2 MHz hat die Spannungsübertragung zwei konstante Bereiche über der Frequenz. Dies lässt vermuten, dass die Filterdämpfung immer nur auf einen der beiden Frequenzbereiche optimiert werden kann. Bei etwa 4,5 MHz ist eine Resonanzstelle in der Spannungsübertragung vorhanden. Es wird davon ausgegangen, dass bis zu dieser Frequenz eine Filterdämpfung durch die Pulskompensation erreicht werden kann, oberhalb jedoch kein positiver Einfluss auf das Spektrum möglich ist. Die Übertragungsfunktionen der einzelnen Phasen gleichen einander mit recht hoher Genauigkeit. Die vorhandenen Abweichungen sind kleiner als 3 dB. Somit können die Amplituden $U_{Komp,U/V/W}$ der Kompensationspulse, bei ausreichend symmetrischen Injektionskreisen, gleich groß gewählt werden.

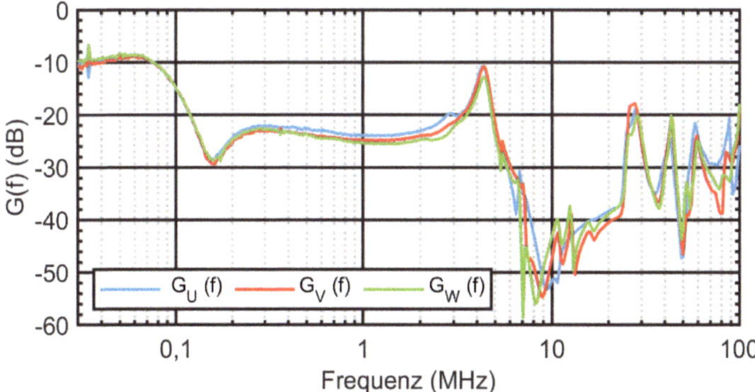

Abbildung 6.5: Übertragungsfunktion der Pulskompensation für den PWR

Die Analyse des stromabhängigen Kommutierungsmusters zeigt, dass sich das Prinzip der Pulskompensation auch am PWR umsetzen lässt. Mit den Informationen über Modulationsgrad und Vorzeichen des Ausgangsstroms je Phase lässt sich das Kommutierungsverhalten der jeweiligen Halbbrücke bestimmen. Dies ermöglicht eine korrekte Zuordnung der Schaltvorgänge zum Kompensationspuls. Im Vergleich zum Tiefsetzsteller wird aufgrund der stark frequenzabhängigen Übertragungsfunktion eine deutlich reduzierte Filterdämpfung erwartet. Dennoch ist die Symmetrie der drei Phasen ausreichend für eine effektive Reduzierung der Gleichtaktstörungen.

6.2 Hardwareaufbau

Im Gegensatz zum Tiefsetzsteller, der aus lediglich einem MOSFET und einer Diode besteht, benötigt der PWR drei Halbbrückenzweige zur Erzeugung einer dreiphasigen Wechselspannung am Ausgang. Damit die Störpulse jeder beliebigen Schaltfolge der sechs MOSFETs kompensiert werden können, ist die Pulskompensation für den PWR mit drei Kompensationszweigen auszuführen. Die zu kompensierende Gleichtakt-Störanregung resultiert aus der Summenspannung der drei Phasen U, V und W. Für den dreiphasigen PWR ergibt sich an den Maschinenklemmen die Gleichtaktspannung $u_{CM}(t)$ nach [84]

$$u_{CM}(t) = \frac{u_U(t) + u_V(t) + u_W(t)}{3} \tag{6-1}$$

Unter Vernachlässigung der Schaltvorgänge und der Sperrzeiten ergeben sich acht verschiedene Schaltzustände. Diese sind in Tabelle 6-1 aufgelistet. Die einzelnen Halbbrücken können nur zwischen dem Potential $\pm\,{}^{U_{DC}}\!/_2$ wechseln. Die

Gleichtaktspannung $u_{CM}(t)$ kann dabei vier verschiedene Potentiale annehmen, $\pm\,^{U_{DC}}/_2$ und $\pm\,^{U_{DC}}/_6$.

Tabelle 6-1: Schaltzustandstabelle des PWR

U_U	U_V	U_W	U_{CM}	U_U	U_V	U_W	U_{CM}
$\frac{U_{DC}}{2}$	$\frac{U_{DC}}{2}$	$\frac{U_{DC}}{2}$	$\frac{U_{DC}}{2}$	$-\frac{U_{DC}}{2}$	$\frac{U_{DC}}{2}$	$\frac{U_{DC}}{2}$	$\frac{U_{DC}}{6}$
$\frac{U_{DC}}{2}$	$\frac{U_{DC}}{2}$	$-\frac{U_{DC}}{2}$	$\frac{U_{DC}}{6}$	$-\frac{U_{DC}}{2}$	$\frac{U_{DC}}{2}$	$-\frac{U_{DC}}{2}$	$-\frac{U_{DC}}{6}$
$\frac{U_{DC}}{2}$	$-\frac{U_{DC}}{2}$	$\frac{U_{DC}}{2}$	$\frac{U_{DC}}{6}$	$-\frac{U_{DC}}{2}$	$-\frac{U_{DC}}{2}$	$\frac{U_{DC}}{2}$	$-\frac{U_{DC}}{6}$
$\frac{U_{DC}}{2}$	$-\frac{U_{DC}}{2}$	$-\frac{U_{DC}}{2}$	$-\frac{U_{DC}}{6}$	$-\frac{U_{DC}}{2}$	$-\frac{U_{DC}}{2}$	$-\frac{U_{DC}}{2}$	$-\frac{U_{DC}}{2}$

In [23] wurde ein Verfahren mit einem zusätzlichen Vierpunkt-Brückenzweig als Kompensationseinrichtung vorgestellt. Über eine induktive Einkopplung lässt sich das Kompensationssignal zur Reduzierung der Ableitströme der Maschine in den Phasenabgang einkoppeln. Der Vierpunkt-Brückenzweig ermöglicht über sechs seriell verschaltete MOSFETs (3x High-Side + 3x Low-Side) die Einstellung aller vier benötigten Potentiale von U_{CM}. Der Nachteil dieser Realisierung ist die aufwändige Erzeugung der Versorgungsspannung und der potentialgetrennten Ansteuersignale der MOSFETs. Die Versorgungsspannung wurde in [23] direkt aus dem Zwischenkreis über kapazitive Zwischenabgriffe gespeist. Somit müssen MOSFETs mit der maximalen Sperrspannung von U_{DC} verwendet werden, was deren Kosten im Einsatz bei Hochvoltkomponenten negativ beeinflusst.

Alternativ zum Vierpunkt-Brückenzweig kann die Pulskompensation aus Kapitel 5 auch dreiphasig realisiert werden. Das Ersatzschaltbild der dreiphasigen Realisierung am PWR zeigt Abbildung 6.6. Die Spannungsversorgung durch die Batterie im DC-Kreis ist der Einfachheit halber nicht dargestellt. Wie die Leistungs-Halbbrücken werden die drei Kompensationsmodule ebenfalls mit dem DC-Zwischenkreis verbunden. Ein Kompensationsmodul besteht dabei aus einer MOSFET-Halbbrücke, im Prototyp mit einem kommerziellen Gate-Treiber-IC realisiert und zwei Kondensatoren C_{Komp} mit je 10 nF Kapazität, um das jeweilige Kompensationssignal auf die DC-Leitungen einzukoppeln. Die Ansteuerung der Kompensationsmodule erfolgt zentral von der Steuerung des PWRs, welche auf einem FPGA implementiert ist.

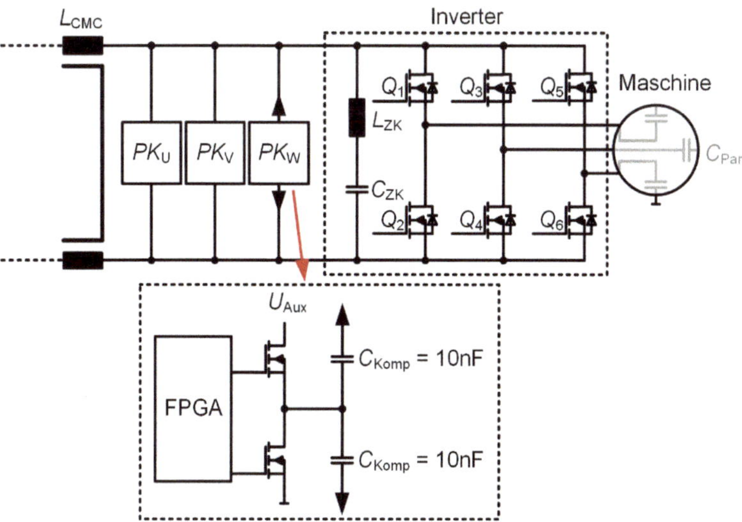

Abbildung 6.6: Ersatzschaltbild des PWR mit dreiphasiger Pulskompensation

Die einzelnen Module können zwischen der externen Gleichspannung U_{Aux} und GND wechseln. U_{Aux} stellt den maximalen Amplitudenwert der Kompensationspulse dar und wird von einer externen Spannungsversorgung bereitgestellt (bspw. vom 12 V-Bordnetz). Somit lassen sich die Schaltzustände aus Tabelle 6-2 realisieren. Die gesamt eingeprägte Kompensationsspannung lässt sich an den DC-Leitungen ebenfalls nach Gleichung (6-1) berechnen. Die Schaltzustände der einzelnen Kompensationsmodule folgen dabei den Schaltzuständen der korrespondierenden Halbbrücke. Der Vergleich von U_{CM} aus Tabelle 6-1 und U_{Komp} aus Tabelle 6-2 zeigt, dass beide Signale jeweils vier verschiedene Spannungsniveaus annehmen können. Folglich können alle vier Zustandswechsel von U_{CM} durch einen korrespondierenden Zustandswechsel von U_{Komp} abgebildet werden. Da der zu unterdrückende Störstrom dem Spannungsgradienten $du_{CM}(t)/dt$ folgt, spielt die Spannungslage, ob unipolare oder bipolare Kompensationsspannung, keine Rolle.

Tabelle 6-2: Schaltzustandstabelle der dreiphasigen Pulskompensation

$U_{\text{Komp,U}}$	$U_{\text{Komp,V}}$	$U_{\text{Komp,W}}$	U_{Komp}	$U_{\text{Komp,U}}$	$U_{\text{Komp,V}}$	$U_{\text{Komp,W}}$	U_{Komp}
U_{Aux}	U_{Aux}	U_{Aux}	U_{Aux}	GND	U_{Aux}	U_{Aux}	$\frac{2}{3}U_{\text{Aux}}$
U_{Aux}	U_{Aux}	GND	$\frac{2}{3}U_{\text{Aux}}$	GND	U_{Aux}	GND	$\frac{1}{3}U_{\text{Aux}}$
U_{Aux}	GND	U_{Aux}	$\frac{2}{3}U_{\text{Aux}}$	GND	GND	U_{Aux}	$\frac{1}{3}U_{\text{Aux}}$
U_{Aux}	GND	GND	$\frac{1}{3}U_{\text{Aux}}$	GND	GND	GND	GND

Mit den drei Kompensationsmodulen lassen sich ebenfalls vier Spannungslevel erzeugen. Im Gegensatz zu [23] können bei der dreiphasigen Pulskompensation Niederspannungsbauteile zur Pulserzeugung verwendet werden und es wird lediglich ein Spannungspegel zur Versorgung benötigt. Somit ist der Bauteilaufwand zur Pulserzeugung derselbe, die verwendeten Bauteile aufgrund der geringeren Anforderungen jedoch günstiger. Aufgrund der symmetrischen Übertragungsfunktion der drei Phasen ist deren jeweilige Versorgungsspannung $U_{\text{Aux,U/V/W}}$ identisch.

Alle nachfolgenden Messungen werden, sofern nicht anderweitig angegeben, bei einer Zwischenkreisspannung von 100 V_{DC} durchgeführt. Es wird die Störspannung an den LISNs mit Hilfe eines Leistungssplitters in den Gleich- und Gegentaktanteil aufgeteilt. Die Gleichtaktstörspannung wird mit einem Zeitbereichsmessempfänger im Frequenzbereich von 150 kHz bis 30 MHz aufgezeichnet. Die jeweiligen Empfängereinstellungen sind Anhang B zu entnehmen.

Auch beim PWR wird die Filterdämpfung der Pulskompensation auf den passiven Betriebsfall bezogen. Die Emissionsmessung ohne Filter und mit Pulskompensation im passiven Betrieb ist in Abbildung 6.7 zu finden. Aufgrund der Gesamtkapazität von $C_{\text{Komp,Ges}}$ = 60 nF und der Gleichtaktdrossel mit etwa L_{CMC} = 10 µH Induktivität bei 100 kHz, wird auch im passiven Betrieb eine hohe Dämpfung erreicht. Bei 1 MHz werden etwa 30 dB Dämpfung erreicht, bei 10 MHz sinkt die Dämpfung auf 20 dB ab. Bei der Filterauslegung für den Frequenzbereich oberhalb von 400 kHz können die Komponenten der Pulskompensation im passiven Betrieb einen signifikanten Beitrag zur Gesamtdämpfung leisten.

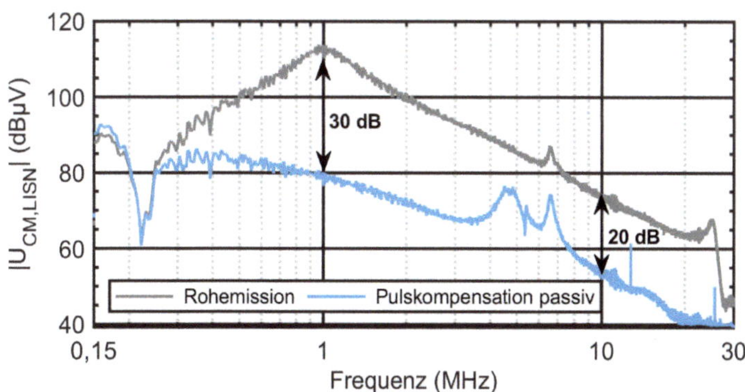

Abbildung 6.7: Gleichtaktstörspannung des PWRs ohne Filterelemente (Rohemission) und mit Pulskompensation im passiven Zustand

Im Frequenzbereich unterhalb von 400 kHz, speziell im Bereich der LW, können die Komponenten im passiven Betrieb jedoch keine Dämpfung bereitstellen. Die Dämpfung unterhalb von 400 kHz wird in den folgenden Messungen allein durch den aktiven Betrieb realisiert.

6.3 Statisch synchronisierte Pulskompensation für einen Pulswechselrichter

Wie auch für den Tiefsetzsteller wird die Pulskompensation im ersten Schritt anhand der statischen Synchronisation bewertet. Dieser Betrieb dient auch beim PWR als Referenz zur automatischen Nachführung. Aufgrund der sinusmodulierten Betriebsweise wird jedoch davon ausgegangen, dass die statische Synchronisation im Allgemeinen schlechtere Dämpfungswerte liefert als die automatische Nachführung.

Damit die Einstellungen der Synchronisation überschaubar gehalten werden können, wird unabhängig vom Betriebszustand (Nullmomentenmodulation oder Sinusmodulation) nur ein fester Korrekturwert für die steigende bzw. fallende Flanke von U_{Komp} über der gesamten Periode vorgegeben. Lediglich für den High-Side bzw. Low-Side Schalter werden unterschiedliche Werte angesetzt, die zum Stromnulldurchgang entsprechend der vorliegenden Kommutierung ausgelesen werden. Zudem werden für alle drei Kompensationszweige dieselben Korrekturzeiten verwendet.

Die Synchronisation über lediglich vier Korrekturzeiten ist ein eher grobes Vorgehen und dient ausschließlich der kombinatorischen Reduzierung. Die Ergebnisse lassen sich unter Verwendung eines Korrektursatzes je Kompensationszweig verbessern. Zusätzlich kann für jeden Schaltvorgang ein passender Parametersatz in einer Look-Up-Table (LuT) hinterlegt werden. Diese aufwändigen Parametersätze können aufgrund der vielen Einträge jedoch nur noch automatisiert erstellt werden.

Als erster Betriebspunkt wird der Worst-Case für die Gleichtaktanregung, die Nullmomentenmodulation untersucht. Aufgrund der zeitgleichen Spannungsänderung an allen drei Phasenabgängen bietet dieser Fall den einfachsten Betriebspunkt für die Pulskompensation. Das Verhalten ist identisch zum Tiefsetzsteller, ein stationärer Betrieb mit festem Duty-Cycle. Lediglich die Kommutierung von High-Side und Low-Side Schalter muss beachtet werden. Der PWR wird mit einer DC-Spannung von 100 V_{DC} bei f_c = 10 kHz Schaltfrequenz betrieben.

Das zugehörige Spektrum der Gleichtaktstörspannung zeigt Abbildung 6.8 im Frequenzbereich von 150 kHz bis 30 MHz. Für die Nullmomentenmodulation kann die Pulskompensation auch am PWR sehr hohe Dämpfungswerte erreichen. Im Frequenzbereich bis 1 MHz werden 25 − 40 dB Dämpfung erzielt. Mit 4 MHz liegt die erreichte Bandbreite im Bereich der Resonanz der Übertragungsfunktion aus Abbildung 6.5. Um das Spektrum oberhalb von 5 MHz anschaulich vergleichen zu können, sind die Einhüllenden der Spektren eingezeichnet. Aus diesen ist ersichtlich, dass oberhalb von 7 MHz das Spektrum um bis zu 7 dB angehoben wird. Dies ist auf die höhere Flankensteilheit der Kompensationspulse im Vergleich zur Störanregung zurückzuführen (vgl. Abbildung 5.19).

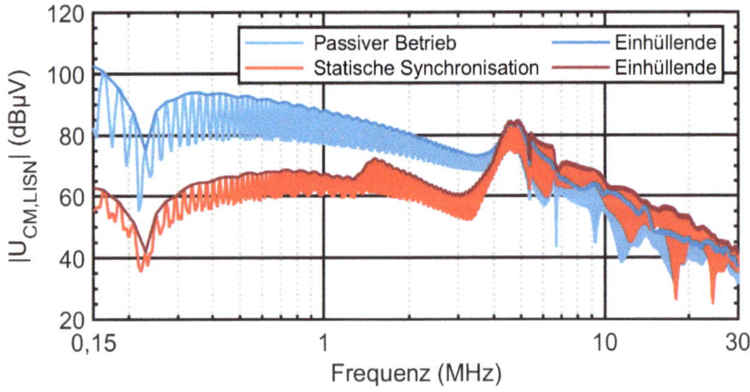

Abbildung 6.8: Gleichtaktstörspannung des PWRs bei Nullmomentenmodulation mit Pulskompensation im passiven bzw. statisch synchronisierten Betrieb

Neben der hohen Dämpfungswerte für den Betriebsfall der Nullmomentenmodulation muss die Pulskompensation auch für den sinusmodulierten Betrieb die Störemissionen zuverlässig reduzieren. Aufgrund des zeitlich über einer Sinusperiode variierenden Schaltverhaltens zeigt sich gerade in diesem Betriebspunkt
die Notwendigkeit einer automatischen Anpassung der Synchronisation. Das
Spektrum bei 30 % Sinusmodulation und 100 V_{DC} Zwischenkreisspannung ist in
Abbildung 6.9 gezeigt. Die Synchronisation der Pulskompensation ist weiterhin
statisch auf den Betrieb bei Nullmomentenmodulation vorgenommen. Oberhalb
von 150 kHz nimmt die Dämpfung stark ab. Bei etwa 200 kHz ist keinerlei Dämpfung der Pulskompensation mehr zu messen. Im Vergleich zur Nullmomentenmodulation wird bis zu 20 dB weniger Dämpfung erreicht, was gerade im MW-Frequenzbereich eine signifikante Einbuße darstellt. Trotz der Fehlsynchronisation
wird das Spektrum im Frequenzbereich oberhalb von 7 MHz jedoch kaum negativ
beeinflusst.

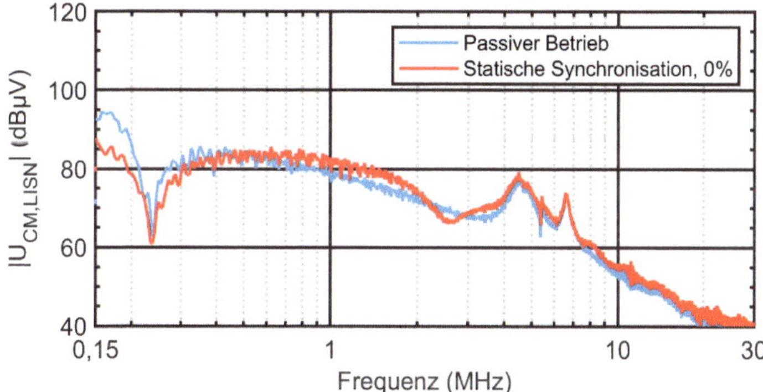

Abbildung 6.9: Gleichtaktstörspannung des PWRs bei 30 % Sinusmodulation mit Pulskompensation im statisch synchronisierten Betrieb

Ein Betrieb der Pulskompensation am PWR mit statischer Synchronisation macht
aufgrund der schlechten Dämpfungseigenschaften unter sinusmoduliertem Betrieb kaum Sinn. Damit die Pulskompensation im Filterverbund unter allen möglichen Betriebspunkten des PWRs einen signifikanten Beitrag zur Filterdämpfung
leisten kann, wird auch in dieser Anwendung auf die automatische Nachführung
aus Abschnitt 5.4 zurückgegriffen. Diese ist entsprechend der Anforderungen des
PWRs auf ein dreiphasiges System angepasst.

6.4   Nachgeführte Pulskompensation für einen Pulswechselrichter

Die zweite Messreihe wird für den Betrieb der Pulskompensation mit dynamisch adaptierter Synchronisation durchgeführt. Die tatsächlichen Schaltverzugszeiten lassen sich mit Hilfe der Abgriffe an den Phasenabgängen des PWRs analog zur Methode am Tiefsetzsteller in Kapitel 5.4 durchführen. Da der PWR drei Phasenabgänge besitzt, muss der Abgriff zur Nachführung ebenfalls dreifach ausgeführt werden.

6.4.1 Hardware und Implementierung

Das Ersatznetzwerk des PWRs mit Maschine und Feedbackabgriff am Phasenabgang in Abbildung 6.10 zeigt die dreiphasige Ausführung der notwendigen Hardware in vereinfachter Darstellung. Innerhalb der Blöcke FB_U, FB_V und FB_W befindet sich jeweils die Hardwarerealisierung des Phasenabgriffs. Aufgrund der identischen DC-Spannungsniveaus von Tiefsetzsteller und PWR, kann dieselbe Auslegung des gemischten Spannungsteilers verwendet werden. Im Fall einer höheren Zwischenkreisspannung, und damit einer höheren Ausgangsspannung, muss der Teiler angepasst werden, sodass der Eingangspegel des Digitalisolators im Bereich von maximal 5 V bleibt.

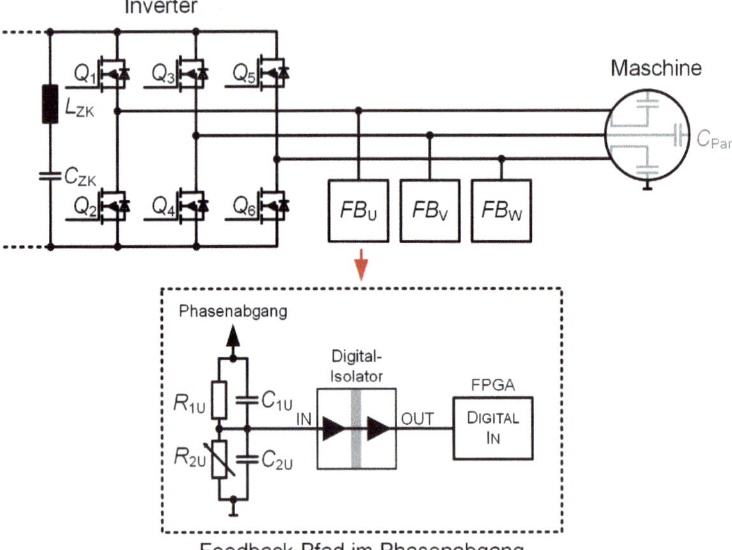

Abbildung 6.10: Dreiphasiger Feedbackabgriff zur automatischen Nachführung am PWR

Über die drei Feedbacksignale der Phasenabgänge lässt sich der Ausgangsstrom näherungsweise rekonstruieren. Dessen Nulldurchgänge werden zur Ermittlung der kommutierenden MOSFETs benötigt. Somit kann die Stromlage auch ohne eine dezidierte Strommessung in jeder Ausgangsphase für die Synchronisation ausreichend genau bestimmt werden.

Als Ausgangspunkt zur Bestimmung der Stromlage dient das vereinfachte Ersatzschaltbild nach Abbildung 6.11 mit den Definitionen der Ausgangsspannungen. Es wird der Lastfall einer rein induktiven, symmetrischen Last mit nicht geerdetem Sternpunkt betrachtet. Die Spannungsquelle wird mit geerdetem Mittelpunkt betrieben, dieser dient als Referenz für die Spannungsdefinitionen. Aufgrund der kapazitiven Verhältnisse in der LISN kann die Spannungsquelle im CISPR 25 Komponententest in dieser Weise betrachtet werden. Der geerdete Mittelpunkt stellt dabei den Massetisch dar. Der Feedbackabgriff nimmt das zeitliche Abbild der Spannungen $u_U(t)$, $u_V(t)$ und $u_W(t)$ auf.

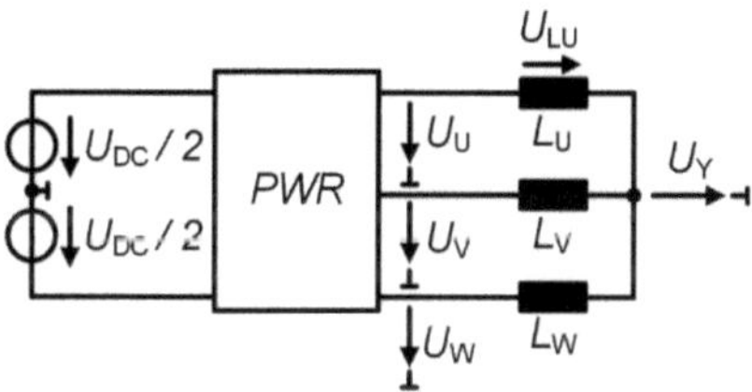

Abbildung 6.11: Definition der Ausgangsspannungen des PWR an einer dreiphasigen, symmetrischen, induktiven Last

Aus den in [84] vorgestellten Pulsfolgemustern für diesen Aufbau lässt sich die Sternspannung $u_Y(t)$ gegenüber dem Referenzpotential ableiten zu

$$u_Y(t) = \frac{u_U(t)+u_V(t)+u_W(t)}{3} \tag{6-2}$$

Über die Sternspannung können die Spannungen der einzelnen Induktivitäten abgeleitet werden. Für die Phase U ergibt sich somit die Spannung $u_{LU}(t)$ zu

$$u_{LU}(t) = u_u(t)-u_Y(t) \tag{6-3}$$

Nach dem allgemeinen Zusammenhang zwischen Strom und Spannung an einer Induktivität lässt sich der Ausgangsstrom je Phase bestimmen.

$$i_U(t) = \frac{1}{L_U} \int u_{LU}(t)dt \tag{6-4}$$

Aus dem Phasenstrom $i_U(t)$ kann direkt dessen Phasenlage abgeleitet werden. Die Phasen V und W ergeben sich analog zu den Gleichungen (6-3) und (6-4) mit entsprechend angepasster Phasenspannung.

Dieses Vorgehen zur Ermittlung der Phasenströme ist im FPGA mit Hilfe der genauen Zeitpunkte der Phasenspannungen aus den Feedbacksignalen realisiert. Dabei wird angenommen, dass die Phasenspannungen $u_U(t)$, $u_V(t)$ und $u_W(t)$ mit guter Näherung einer idealen Rechteckspannung mit den Amplitudenwerten von $\pm\, U_{DC}/_2$ entsprechen. Mit dieser Annahme können aus den digitalen Feedbacksignalen die entsprechenden Phasenspannungen im FPGA synthetisiert werden. Nach den Gleichungen (6-2) und (6-3) werden $u_Y(t)$ bzw. die Spannungen $u_{LU}(t)$, $u_{LV}(t)$ und $u_{LW}(t)$ berechnet. Anschließend wird das Integral aus Gleichung (6-4) vereinfacht ausgewertet. Dabei wird auf die Division durch die Induktivität verzichtet. Dies hat zwei Gründe: Erstens beeinflusst der Term 1/L nur noch die Amplitude des Stroms, jedoch nicht die Phasenlage. Zweitens lässt sich das Integral ohne den Term 1/L effizienter auf dem FPGA umsetzen, da auf eine Gleitkommarechnung verzichtet werden kann. Somit entspricht das Abbild $i_{U,Calc}(t)$ nur noch in der Phasenlage dem realen Ausgangsstrom $i_U(t)$. Da zur Synchronisation der Kompensationspulse in Bezug auf die Kommutierung jedoch nur die Nulldurchgänge und Phasenlage relevant sind, enthält der synthetisierte Strom $i_{U,Calc}(t)$ alle notwendigen Informationen. Es wurde am Laboraufbau verifiziert, dass auf eine Messung der Phasenströme verzichtet werden kann. Die Phasenlage wird anschließend sowohl zur Erstellung des Kompensationssignals, als auch zur Berechnung der Zeitkorrekturen benötigt. Wird für die Regelung des PWRs eine Strommessung ohnehin benötigt, können deren Messwerte auch für die Synchronisation der Kompensationspulse herangezogen werden. Die synthetische Ermittlung der Stromlage ist in diesem Fall redundant.

Der Programmablaufplan (PAP) in Abbildung 6.12 beschreibt die korrekte Synchronisation der Kompensationspulse auf die zwei Leistungshalbleiter einer Halbbrücke. Der Ablauf wird mit jedem Schaltzyklus wiederholt. Für den Spezialfall der Nullmomentenmodulation ($m = 0$) reicht eine feste Vorgabe für die Synchronisation aus. Der Einschaltvorgang des Kompensationspulses (Comp_Rising) wird auf die steigende Flanke des High-Side Schalters (HS_Rising) bezogen. Der Ausschaltvorgang (Comp_Falling) wird auf die steigende Flanke des Low-Side Schalters (LS_Rising) bezogen. Im Fall der Sinusmodulation ($m \neq 0$) muss zwischen einer positiven und einer negativen Stromlage unterschieden werden. Für die Auswertung der Stromlage wird der synthetisierte Ausgangsstrom $i_{Out,Calc}(t)$ verwendet. Im Fall eines positiven Ausgangsstroms werden Ein- und Ausschaltvorgang des Kompensationspulses auf die korrelierenden Flanken des High-Side

Schalters bezogen. Für einen negativen Ausgangsstrom wird der Kompensationspuls auf den Low-Side Schalter bezogen, wobei der Einschaltvorgang durch die fallende Flanke bestimmt wird und umgekehrt.

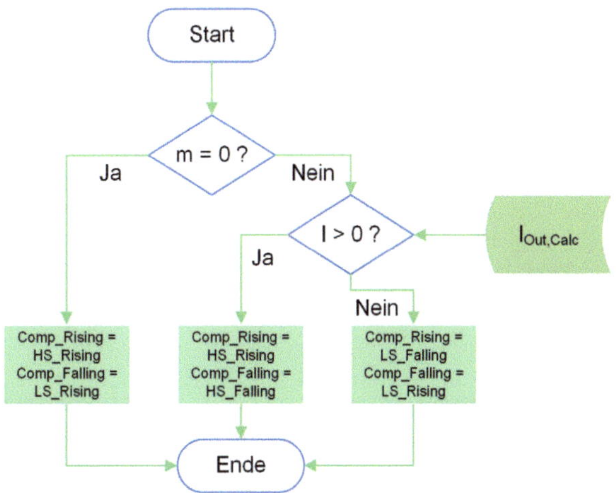

Abbildung 6.12: PAP zur strombedingten Synchronisation der Kompensationspulse

Nachdem das Kompensationssignal auf die korrekten Schaltvorgänge bezogen ist, muss die Schaltverzugszeit noch korrigiert werden. Um diese korrekt zu ermitteln, muss ebenfalls die Phasenlage ausgewertet werden. Das Feedbacksignal wird dem richtigen Schaltvorgang zugeordnet, ansonsten entsteht ein Fehler in Höhe der Sperrzeit. Das Vorgehen zur Bestimmung der Schaltverzugszeit ist in Abbildung 6.13 als PAP dargestellt. Um den Zählvorgang zur Ermittlung des Zeitversatzes zwischen dem Schaltsignal des FPGAs (Sw_Signal) und dem Feedbacksignal des Phasenabgangs (FB_Signal) zu starten, wird ein Triggersignal für die entsprechende Flanke (Rising_Trigger bzw. Falling_Trigger) verwendet. Somit kann die gesamte Verzögerungszeit, inklusive der statischen Verzögerungszeiten der einzelnen Bausteine, ermittelt werden. Durch die Korrektur dieser statischen Verzögerungszeiten lässt sich anschließend die Schaltverzugszeit ermitteln. Die Zuordnung der entsprechenden Triggersignale zu den korrespondierenden Schaltern (Low-Side oder High-Side) erfolgt identisch zu Abbildung 6.12. Auch dieser Ablauf wird zyklisch mit der Taktfrequenz des PWRs ausgeführt.

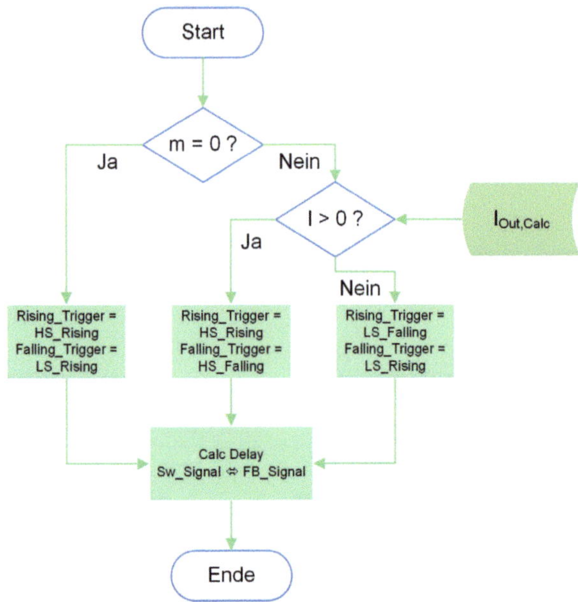

Abbildung 6.13: PAP zur Berechnung der Schaltverzugszeiten in Abhängigkeit der Stromlage

Die resultierende Schaltverzugszeit wird zur Synchronisation des Kompensationspulses genutzt, identisch zum Tiefsetzsteller. Der relevante Unterschied der beiden Topologien ist lediglich die Abhängigkeit der kommutierenden Leistungs-MOSFETs vom Ausgangsstrom. Die Abläufe aus Abbildung 6.12 und Abbildung 6.13 werden für jede Phase einzeln durchgeführt, da der Ausgangsstrom je Phase um 120° phasenverschoben ist.

6.4.2 Messergebnisse

Im Vergleich zur Nullmomentenmodulation wird der Einfluss der automatischen Nachführung der Kompensationspulse auf die Filterdämpfung im Betriebsfall mit sinusmoduliertem Ausgangsstrom deutlich höher ausfallen. Um die korrekte Funktion der Nachführung bewerten zu können, ist eine Betrachtung der relevanten Spannungen im Zeitbereich indiziert. Hierzu zeigt Abbildung 6.14 die Spannung am Phasenabgang $u_{Out,U}(t)$, sowie die Kompensationsspannung $u_{Komp,U}(t)$ über einer Sinusperiode des Ausgangsstroms $i_{Out,U}(t)$. Im Verlauf der beiden Spannungen sind über der gesamten Sinusperiode keine größeren Abweichungen der Synchronisation erkennbar. Dies bestätigt, dass die Aufteilung der Kommutierungsmuster für die positive bzw. negative Stromhalbwelle korrekt umgesetzt wird.

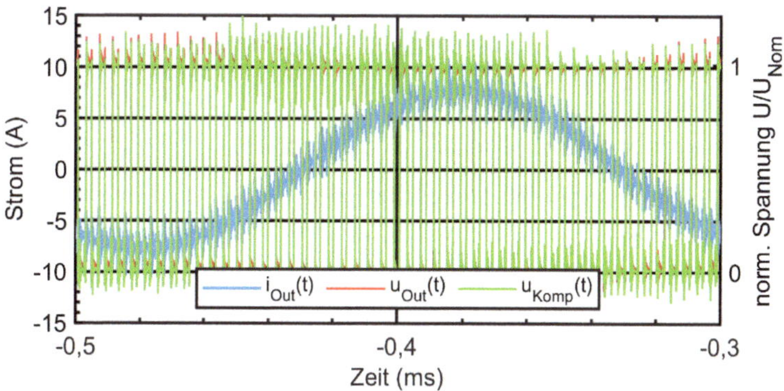

Abbildung 6.14: Phasenspannung U_{Out} und Kompensationsspannung U_{Komp} über einer Sinusperiode des Ausgangsstroms I_{Out}, dargestellt für die Phase U

Einen genaueren Einblick in die Synchronisation bietet die Analyse einzelner Schaltvorgänge der Phase U in Abbildung 6.15. Dabei wird im Fall der High-Side Schalter ein Schaltvorgang bei positivem Ausgangsstrom und im Fall der Low-Side Schalter ein Schaltvorgang bei negativem Ausgangsstrom betrachtet. In beiden Fällen synchronisiert die Nachführung die Kompensation $u_{Komp}(t)$ korrekt auf die Ausgangsspannung $u_{Out}(t)$.

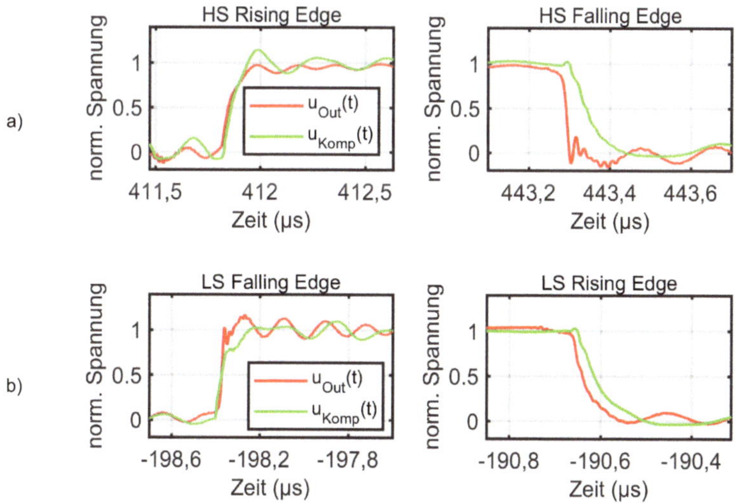

Abbildung 6.15: Einzelanalyse der Spannungsverläufe zweier Schaltvorgänge während a) der positiven Stromhalbwelle und b) der negativen Stromhalbwelle

Nach der qualitativen Analyse der automatischen Nachführung der Kompensationspulse im Zeitbereich erfolgt eine quantitative Analyse bei verschiedenen Betriebspunkten im Frequenzbereich. Zur Bewertung wird die Gleichtaktspannung an den LISNs im Bereich von 150 kHz bis 30 MHz betrachtet. Die Einstellungen des Messempfängers sind in Anhang B zu entnehmen.

Als erster Betriebspunkt wird ein sinusmodulierter Ausgangsstrom mit 30 % Modulationsgrad betrachtet. Die Zwischenkreisspannung beträgt U_{DC} = 100 V bei einer Schaltfrequenz von f_c = 10,9 kHz.

In der Messung der Gleichtaktspannung an den LISNs in Abbildung 6.16 wird die Emission im passiven Betriebszustand der Pulskompensation mit dem statisch synchronisierten bzw. automatisch nachgeführten aktiven Betrieb verglichen. Bis 200 kHz kann die automatische Nachführung keine höhere Dämpfung gegenüber der statischen Synchronisation erreichen. Erst ab 300 kHz ist ein signifikanter Einfluss der automatischen Nachführung zu erkennen. Bei 1 MHz kann die Dämpfung der Pulskompensation um etwa 10 dB erhöht werden. Gerade im MW-Frequenzbereich kann die Dämpfung der Pulskompensation für den Betrieb mit sinusmoduliertem Ausgangsstrom mit der automatischen Nachführung aufrechterhalten werden.

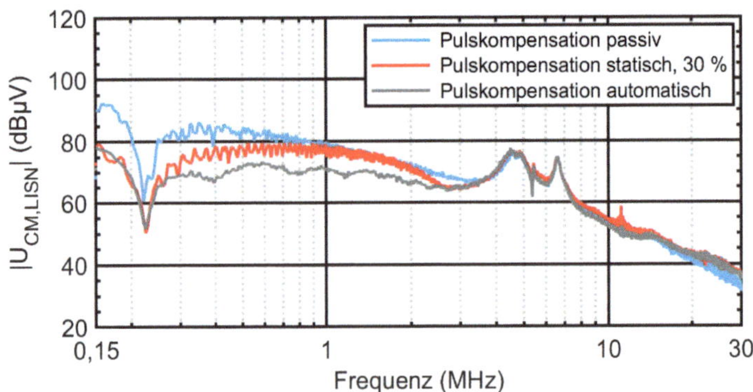

Abbildung 6.16: Gleichtaktstörspannung bei 30 % Sinusmodulation und 10,9 kHz PWM-Frequenz, Pulskompensation mit Nachführung

Außer beim sinusmodulierten Betriebsfall muss die automatische Nachführung auch während der Nullmomentenmodulation den Schaltverzug korrekt nachjustieren. Bei der Implementierung wurde dieser Spezialfall abgefangen. Die korrekte Synchronisation bei m = 0 lässt sich im Emissionsspektrum in Abbildung 6.17 validieren. Neben passivem und automatisch synchronisiertem, aktivem Betrieb ist zusätzlich auch das Spektrum mit statisch synchronisierter

Pulskompensation gezeigt. Zur besseren Vergleichbarkeit, gerade im Frequenzbereich oberhalb von 4 MHz, sind die Einhüllenden von passivem und automatisch synchronisiertem Betrieb zusätzlich dargestellt. Von 150 kHz bis 4 MHz erreicht die statische Synchronisation um bis zu 6 dB geringere Gleichtaktemissionen. Oberhalb der Resonanzstelle bei 4 MHz erzeugt der statisch synchronisierte Betrieb einen geringfügig höheren Störpegel, was mit etwa 1 – 2 dB jedoch vernachlässigbar klein ist.

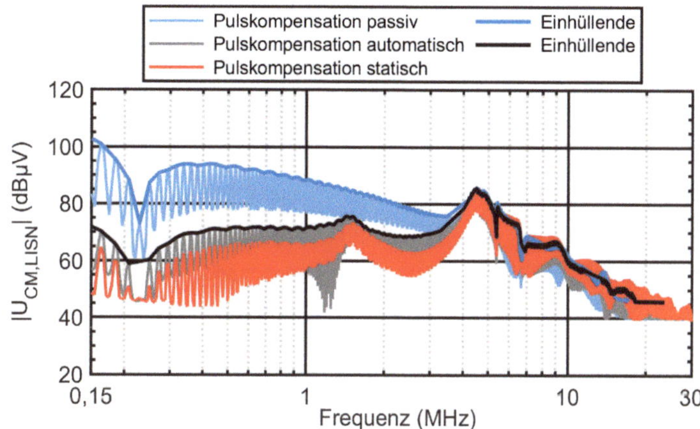

Abbildung 6.17: Gleichtaktstörspannung bei Nullmomentenmodulation und 10,9 kHz PWM-Frequenz, Pulskompensation mit Nachführung

Da es sich bei der Nullmomentenmodulation um einen Betriebsfall des PWRs mit 50 % Duty-Cycle handelt, gleicht dieses Kommutierungsmuster dem Fall des Tiefsetzstellers. Die Kompensation wechselt für alle drei Phasenabgänge zeitgleich den Zustand und es gibt keine Variation im Schaltverhalten bzw. Duty-Cycle, da der Ausgangsstrom I_{Out} = 0 A ist. Als Folge dessen ist das limitierende Element für die Synchronisationsgenauigkeit der automatischen Nachführung, und damit auch der erreichbaren Dämpfung des Verfahrens, wiederum die Taktrate des FPGAs. Identisch zum Fall des Tiefsetzstellers wird der Dämpfungsunterschied zwischen automatischer Nachführung und statischer Synchronisation durch die Einstellgenauigkeit von 10 ns der Korrekturfaktoren verursacht (vgl. Kapitel 5.4.2).

6.5   Kombination der Pulskompensation mit einer passiven Filterstufe

Die bisherigen Untersuchungen beziehen sich immer auf den Fall der Pulskompensation als einziges Filterbauteil. Lediglich zur Entkopplung der HV-Versorgung vom Übertragungspfad (siehe Übertragungsfunktion in Abschnitt 6.1) wird eine Gleichtaktdrossel als zusätzliches Element eingesetzt. Trotz der guten passiven Eigenschaften der Pulskompensation (vgl. Abbildung 6.7) wird es im Frequenzbereich oberhalb des MW-Bereichs nicht möglich sein, auf passive Filterbauteile zu verzichten. Abschnitt 2.4 zeigt, dass bei solchen hybriden Filterkonstellationen die passiven Bauteile aufgrund deren Veränderung der vorliegenden Impedanzverhältnisse durchaus signifikanten Einfluss auf die Filterperformance der aktiven Baugruppen haben können. Dieser Einfluss soll abschließend für die Pulskompensation am Beispiel einer Filterkombination für den PWR bewertet werden.

In Kapitel 3.1 ist zu sehen, dass bei aktiven Filtertopologien nach dem strominjizierenden Verfahren die Dämpfung mit der Eingangsimpedanz des PWRs steigt (vgl. Tabelle 3-1). Da es sich bei der Pulskompensation ebenfalls um ein Verfahren mit Strominjektion handelt, wird die Eingangsimpedanz des PWRs auch bei dieser Störkompensation Einfluss auf die erreichbare Filterdämpfung haben. Um diesen Einfluss zu quantifizieren, wird die Y-Kapazität $C_{Y,PWR}$ direkt an den Eingangsklemmen des PWRs positioniert. Das Ersatzschaltbild der Anordnung zeigt Abbildung 6.18, vereinfacht dargestellt mit einem Kompensationsmodul. Im Messaufbau ist für die drei Phasen je ein Modul verbaut. Zur Entkopplung vom HV-Bordnetz wird auch in dieser Messung eine Gleichtaktdrossel mit L_{CMC} = 10 µH Induktivität verwendet.

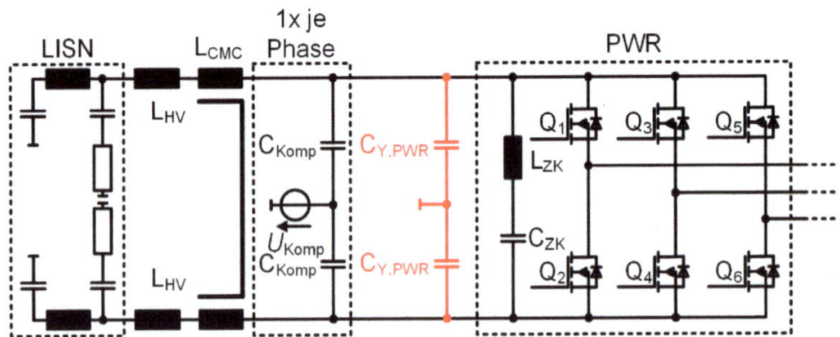

Abbildung 6.18: Schaltung zur Untersuchung der Auswirkung zusätzlicher C_Y-Kapazitäten auf die Pulskompensation

Bei einer Ableitkapazität C_{Par} des PWRs von etwa 6 nF, die dessen Eingangsimpedanz im Frequenzbereich unterhalb von 1 MHz maßgeblich bestimmt [3], beeinflusst schon eine geringe zusätzliche Kapazität $C_{Y,PWR}$ die Eingangsimpedanz gravierend. Dieser Einfluss wird anhand der Dämpfung durch die aktive Pulskompensation in Abbildung 6.19 bewertet. Um den aktiven Anteil an der Gesamtdämpfung zu ermitteln, wird im aktiven Betrieb der Pulskompensation die Filterdämpfung im passiven Betrieb von der Dämpfung abgezogen. Der verbleibende Anteil stellt den zusätzlichen Gewinn an Dämpfung durch die Kompensationspulse dar. Für den Fall, dass die äußere Beschaltung durch passive Filterelemente keinen Einfluss auf die Pulskompensation hat, bleibt dieser Dämpfungsanteil immer gleich. Abbildung 6.19 zeigt jedoch, dass schon eine geringe Kapazität von $C_{Y,PWR}$ = 33 nF die Bandbreite auf 1 MHz reduziert. Wird $C_{Y,PWR}$ auf 220 nF erhöht, reduziert sich die Bandbreite des Anteils der Filterdämpfung im aktiven Betrieb auf 500 kHz. Für den Fall einer zusätzlichen passiven Filterstufe zur Pulskompensation sollte somit die Injektion der Kompensationspulse immer möglichst nahe am Zwischenkreis des PWRs erfolgen.

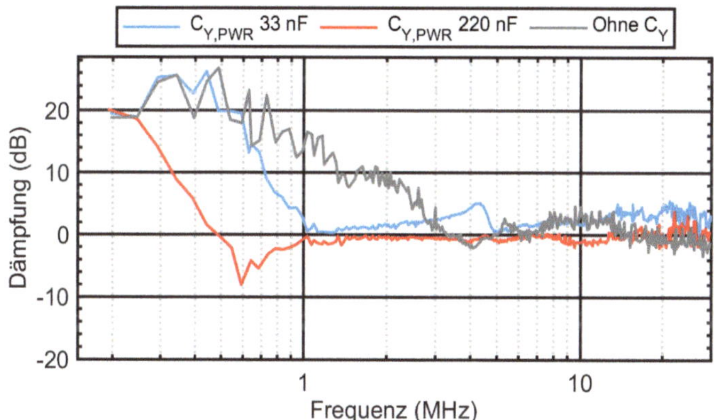

Abbildung 6.19: Anteil der Filterdämpfung der Pulskompensation im aktiven Betrieb bei verschiedenen C_Y-Kapazitäten

Der Einfluss der Gleichtaktdrossel auf der Seite des HV-Bordnetzes ist aus Abbildung 6.20 ersichtlich. L_{CMC} erhöht die Eingangsimpedanz des HV-Bordnetzes und dämpft damit das Kompensationssignal. Die Dimensionierung dieser Gleichtaktdrossel ist eine Abwägung zwischen der Übertragungsfunktion der Pulskompensation im Frequenzbereich unterhalb von 100 kHz und der erreichbaren Störunterdrückung. Der positive Effekt von L_{CMC} auf die Übertragungsfunktion der Pulskompensation wurde bereits in Abschnitt 4.2.1 am Beispiel des Tiefsetzstellers aufgezeigt.

Abschnitt 4.2.1 zeigt jedoch ebenfalls, dass die Übertragungsfunktion $G(f)$ mit zusätzlicher C_Y-Kapazität schon bei kleinen, parasitären Induktivitäten zwischen dem Injektionspunkt der Pulskompensation und dem Zwischenkreis vom idealen, rein kapazitiven Übertragungsverhalten abweicht. Der Einfluss einer Gleichtaktdrossel zwischen dem Injektionspunkt der Pulskompensation und den Eingangsklemmen des PWRs wird anhand der Filterkonfiguration im Ersatzschaltbild in Abbildung 6.20 aufgezeigt. Zusätzlich zur Entkopplung durch L_{CMC} wird $L_{CMC,PWR} = 1\ \mu H$ direkt an den Eingangsklemmen des PWRs eingefügt.

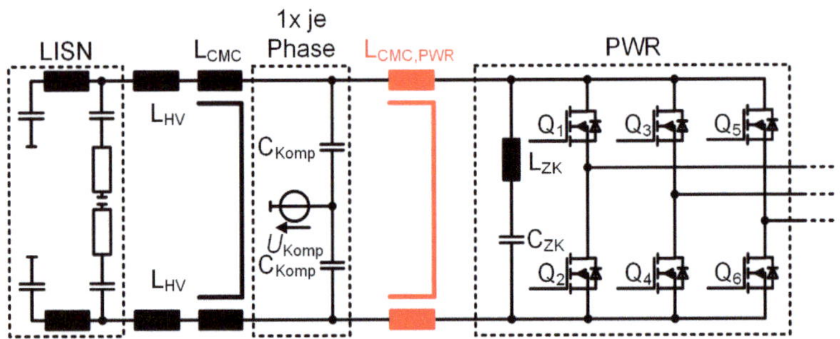

Abbildung 6.20: Netzwerk des PWRs mit LISNs, Pulskompensation und zusätzlichen C_Y-Kapazitäten

Die Auswirkung einer Gleichtaktdrossel zwischen Pulskompensation und PWR zeigen die Messungen in Abbildung 6.21. Auch hier wird die Filterdämpfung ausschließlich für den aktiven Betrieb ermittelt und auf den passiven Betrieb des Filters mit Pulskompensation bezogen. Die Dämpfungsmessung ohne CMC wird in der Konfiguration aus Abschnitt 6.3 durchgeführt. Schon eine kleine zusätzliche Gleichtaktdrossel bzw. Induktivität direkt an den Eingangsklemmen des PWRs führt zu einer Reduzierung der Performance im Frequenzbereich oberhalb von 1 MHz. Für die Übertragungsfunktion der Pulskompensation liegt diese Induktivität im kapazitiven Übertragungspfad. Somit wird das bisher rein kapazitive Teilverhältnis $G(f)$ durch $L_{CMC,PWR}$ verstimmt und die Bandbreite der Pulskompensation eingeschränkt. Die Induktivität in diesem Pfad sollte daher weitgehend vermieden bzw. möglichst gering gehalten werden.

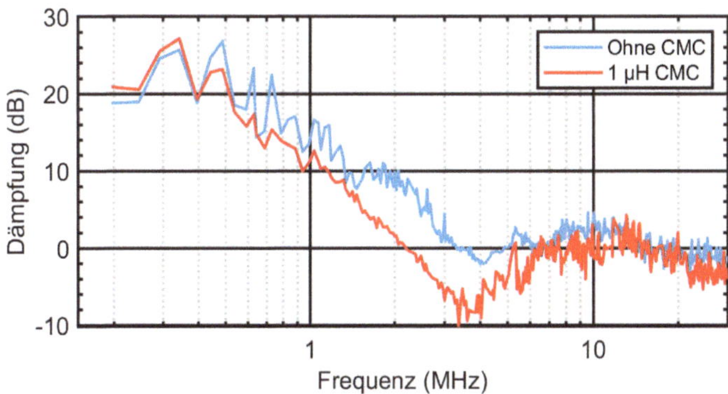

Abbildung 6.21: Anteil der Filterdämpfung der Pulskompensation im aktiven Betrieb ohne und mit Gleichtaktdrossel zwischen Injektion und PWR

Aus den untersuchten Bauteilkombinationen lassen sich einige Designrichtlinien für die zusätzliche passive Filterstufe ableiten.

- Die Kapazität $C_{Y,PWR}$ sollte vermieden werden. Die Injektionsknoten der Pulskompensation sollen nach Möglichkeit nahe an den einzelnen Halbbrücken platziert werden.
- Die Gleichtaktdrossel L_{CMC} kann zum Aufbau einer LC-Filterstufe verwendet werden.
- Nach Möglichkeit keine Gleichtaktdrossel bzw. parasitäre Induktivität zwischen Pulskompensation und PWR einbringen.

Nach diesen Richtlinien ist der Filterverbund in Abbildung 6.22 für den LW- und MW Frequenzbereich ausgelegt. Der passive LC-Filterteil inklusive der passiven Filterwirkung der beiden Injektionskapazitäten C_{Inj} ist so dimensioniert, dass bei 1 MHz eine Gleichtaktdämpfung von etwa 45 dB im 50 Ω-System erreicht wird. Die Pulskompensation wird direkt an den Klemmen des PWRs angebracht. Anschließend folgt der LC-Filterteil mit einer Y-Kapazität von $C_{Y\pm} = 33$ nF und einer nanokristallinen Gleichtaktdrossel mit 10 µH Induktivität bei 100 kHz.

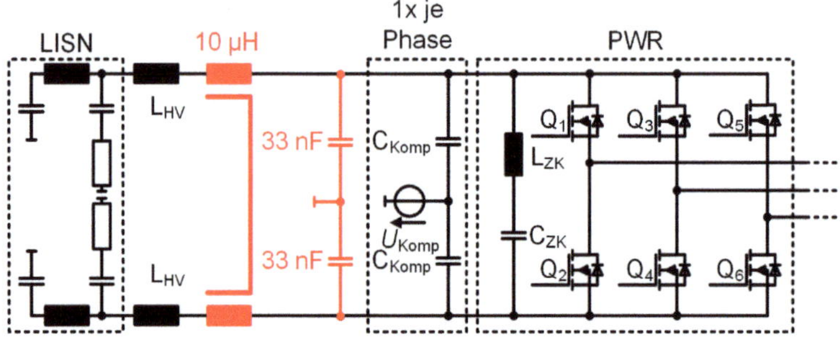

Abbildung 6.22: Filterverbund von Pulskompensation mit passivem Filter zweiter Ordnung

Die Gleichtaktemission des PWRs im CISPR 25 Komponententest mit dem entworfenen Filter zeigt Abbildung 6.23. Der PWR wird mit einer Zwischenkreisspannung von $U_{DC} = 100$ V und einer Sinusmodulation von m = 0,3 betrieben. Die Schaltfrequenz der Halbleiter beträgt $f_c = 10,9$ kHz, die Sinusfrequenz des Ausgangsstroms $f_{Sin} = 1$ kHz. Gegenüber der Rohemission ohne jegliche Filterelemente erreicht der Filter im passiven Betriebszustand mit 42 dB Dämpfung bei 1 MHz nahezu die berechnete Auslegung von 45 dB Dämpfung. Bei 6,5 MHz tritt eine ausgeprägte Resonanz im Phasenabgang auf, die der Filter nur um 10 dB dämpft. Unterhalb von 300 kHz nimmt die Filterdämpfung im passiven Betrieb stark ab. Gerade in diesem Frequenzbereich bringt der aktive Betrieb der Pulskompensation eine deutliche, zusätzliche Reduzierung der leitungsgeführten Gleichtaktemissionen. Mit etwa 10 dB bis 20 dB zwischen 150 kHz bis 1 MHz wird eine ähnlich hohe Dämpfung wie im Betrieb der Pulskompensation ohne weitere Filterelemente erreicht.

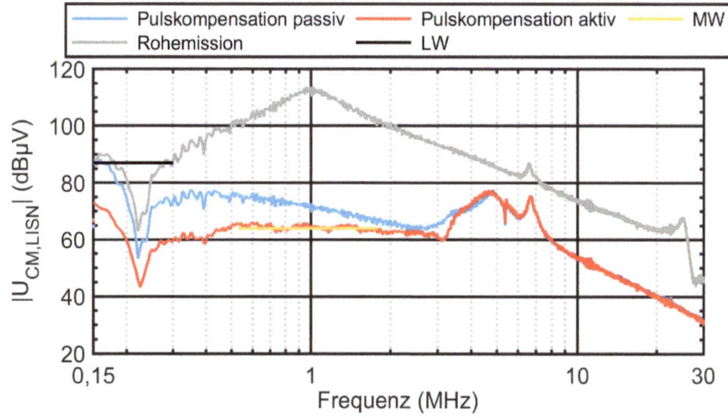

Abbildung 6.23: Gleichtaktstörspannung des PWR mit dem entworfenen EMV-Filter

Auch im Verbund mit passiven Filterelementen kann die Pulskompensation wirkungsvoll integriert werden. Im gezeigten Beispiel kann mit Hilfe der Pulskompensation die fehlende Filterdämpfung im LW Bereich kompensiert und damit die Einhaltung des Grenzwertes sichergestellt werden. Lediglich den MW Grenzwert übersteigt die Gleichtaktstörung noch minimal, was mit einer Überarbeitung der passiven Filterstufe behoben werden kann. Bei der Positionierung und Dimensionierung der Filterelemente muss die Auswirkung auf die Impedanzverhältnisse im Aufbau und damit der mittelbare Einfluss auf die Störunterdrückung der Pulskompensation berücksichtigt werden.

6.6 Grenzen der Pulskompensation bei dynamisch getakteten Systemen

Entsprechend der Überlegungen aus Abschnitt 5.5 lassen sich die aufgezeigten Grenzen des aktuellen Systems auf dynamisch getaktete Systeme übertragen.

Auch im Fall des PWRs ist die Übertragungsfunktion der Pulskompensation, und damit einhergehend die Größe parasitärer Einflüsse, ein limitierender Faktor. Abschnitt 6.1 zeigt, dass die Übertragungsfunktion zwar auf allen drei Phasen identisch verläuft, der Bereich konstanter Übertragung jedoch deutlich geringer als beim Tiefsetzsteller ist. Diese Einschränkung macht sich in der erreichbaren Dämpfung bemerkbar. Die konstant hohe Dämpfung bis 4 MHz, im Fall des Tiefsetzstellers, kann beim PWR nicht erreicht werden. Erhöht sich der parasitäre Einfluss durch Leitungsinduktivitäten, muss mit deutlichen Einschränkungen des wirksamen Filterbereichs gerechnet werden. Wie auch beim Tiefsetzsteller wirken sich Flankensteilheit und Synchronisation der Kompensationspulse ebenfalls erheblich auf die Filterperformance aus. Beispielsweise bei ungenauer Bestimmung der Stromnulldurchgänge, und damit resultierenden Kompensationsfehlern von einzelnen Schaltvorgängen, kann ein deutlicher Verlust an Filterdämpfung beobachtet werden.

Zusätzlich zu diesen systemischen Parametern wird für den Fall des PWRs die Kombination der aktiven Pulskompensation mit konventionellen, passiven Filterstufen betrachtet. Wie die Grundlagenanalyse in Abschnitt 2.4 gezeigt hat, hängt die Dämpfung aktiver Filter stark von der Impedanz des umgebenden Systems ab. Durch das Einfügen zusätzlicher passiver Filterbauteile werden die Impedanzverhältnisse des Systems und damit unweigerlich auch die Dämpfung der Pulskompensation beeinflusst. Bei der Filterauslegung des Gesamtsystems gilt es dies zu berücksichtigen.

7   Bewertung der Prädiktiven Pulskompensation gegenüber herkömmlichen aktiven EMV-Filtern

In Kapitel 6 wird die Methode der Pulskompensation an einem prototypischen PWR validiert. In verschiedenen Betriebspunkten kann eine, für aktive Filter, hohe Dämpfung erreicht werden. Um die Pulskompensation im Kontext bisheriger Forschungsergebnisse einordnen zu können, wird in diesem Kapitel eine Gegenüberstellung der Pulskompensation zu dem hybriden EMV-Filter aus Kapitel 3 betrachtet. Somit soll die entworfene Methode anhand des Stands der Forschung eingeordnet und die erarbeiteten Vorteile bewertet werden.

7.1   Gegenüberstellung analoge Hybridfilter – Pulskompensation

Obwohl die beiden Verfahren das Ziel einer aktiven Störunterdrückung haben, sind die Realisierungsweisen grundsätzlich unterschiedlich. Konventionelle analoge Hybridfilter werden, ähnlich wie passive Filter, mit nur minimaler Kenntnis der Störquelle entworfen. In Kapitel 3 wird gezeigt, dass vor allem die Eingangsimpedanz von Störquelle und Störsenke für die Auslegung des Filters ausschlaggebend sind. Der analoge Hybridfilter wird somit als von der Störquelle weitgehend getrenntes Bauteil entworfen. Der Vorteil ist die einfachere Adaptierbarkeit für verschiedene Anwendungen. Durch die Betriebsweise als analoger, linearer Verstärker ist das Koppelelement der Störung (bspw. die parasitäre Kapazität im PWR) und Bauteilresonanzen, die sich im Störspektrum wiederfinden, für die Dämpfung des Filters nicht relevant. Zudem hängt die Funktion des Filters nicht vom Ansteuerungsmuster der Leistungshalbleiter ab. Solang der Filter im Ausbreitungspfad positioniert wird und entsprechend der vorliegenden Impedanzverhältnisse ausgelegt ist, kann eine Dämpfung erzielt werden. Der Nachteil dieser Realisierungsform aktiver Filter ist jedoch der Aufbau der notwendigen Analogverstärker. Für einen stabilen Betrieb mit ausreichender Kompensationsleistung ist eine aufwändige Verstärkerschaltung mit bipolarer Spannungsversorgung notwendig. Somit wird aus der simplen, aber großen und teuren, passiven Baugruppe eine kleine, aktive Baugruppe, die jedoch eine zusätzlich Spannungsversorgung benötigt.

Da gerade leistungselektronische Komponenten die primäre Störquelle im HV-Bordnetz von Fahrzeugen darstellen, lässt sich durch deren Betriebsweise eine deutlich effizientere Methode zur Störunterdrückung realisieren. In Kapitel 4 wird gezeigt, dass eine effektive Störunterdrückung mit einem einfachen Rechteckpuls möglich ist. Die Realisierung der Pulskompensation erlaubt eine einfache Integration in leistungselektronische Komponenten. Der Filter wird dabei nicht mehr als einzelne Komponente, sondern als funktionaler Teil der Leistungselektronik betrachtet. Die Ansteuerungsalgorithmen lassen sich um den notwendigen Teil zur Pulskompensation erweitern. Somit ist die Hardwarerealisierung einfach. Je nach Dimensionierung der Hardware kann zur Spannungsversorgung das bereits vorhandene 12 V- oder 48 V-Bordnetz ohne zusätzliche Spannungswandler verwendet werden. Da die Integration anwendungsnah erfolgen muss, ist das System in verschiedenen Projekten nur bedingt adaptierbar. Die Dimensionierung und das Anpassen der Ansteuerungsalgorithmen muss für jede Anwendung neu durchgeführt und die notwendige Hardware schon beim Layout berücksichtigt werden. Ein nachträglicher Einbau in eine bestehende Komponente birgt hohen Aufwand. Bedingt durch die spezielle Betriebsart ist das Verfahren zudem nur auf leistungselektronische Komponenten beschränkt. Mit Tiefsetzsteller, PWR und darüber hinaus einem Phase-Shifted Full-Bridge DC/DC Wandler in [30] konnte die Pulskompensation schon an einigen Applikationen erfolgreich getestet werden. Versuche an weiteren leistungselektronischen Topologien stehen bisher noch aus. Von einer simplen Übertragbarkeit, wie im Fall der analogen Hybridfilter, kann dabei nicht ausgegangen werden.

Basierend auf den Hardwarerealisierungen des analogen Hybridfilters aus Kapitel 3 und der Pulskompensation aus Kapitel 6 ist ein Kostenvergleich der beiden Varianten erstellt worden. Die zugrundeliegenden Beträge der einzelnen Bauteile sind in Anhang D aufgelistet. Da die Preise für einzelne Bauteile, je nach Verfügbarkeit und Bezugsvolumen, sehr stark differieren können, soll an dieser Stelle nur ein relativer Vergleich angestellt werden. Die absoluten Kosten sollten für jedes Projekt einzeln evaluiert werden, um fundierte Aussagen zur Kosteneffizienz einer einzelnen Variante liefern zu können. Im Vergleich zwischen analogem Hybridfilter und Pulskompensation kann ein Kostenvorteil der Pulskompensation von etwa 40 % ermittelt werden. Ein Großteil der anfallenden Kosten geht dabei auf die notwendigen Folienkondensatoren zur Ein- bzw. Auskopplung zurück.

Der Bauraum der aktiven Filterstufe lässt sich durch die Verwendung der Pulskompensation um etwa die Hälfte reduzieren. Trotz der Notwendigkeit eines Kompensationszweigs (Pulserzeugung & 2x Injektionskapazität) je Phasenabgang, spart die einfache Realisierung erheblichen Platz im Hardwarelayout. Zusätzlich kommt die unipolare Spannungsversorgung der Pulskompensation der Miniaturisierung des Systems zu Gute, die bei Verwendung der NV-Bordnetzversorgung sogar weitgehend entfallen kann.

In [3] wurde der Bauraumvorteil eines aktiven Filters auf etwa 70 % eines herkömmlichen passiven Filters abgeschätzt. Dieser Trend kann mit Verwendung des Verfahrens der Pulskompensation nochmals unterstützt werden. Im vorgestellten Vergleich der beiden aktiven Filtervarianten stehen in etwa 40 % reduzierte Kosten der Pulskompensation gegenüber dem analogen Hybridfilter. Für die erstellten Prototypen ergibt sich ein Bauraumvorteil von etwa 50 % bei Verwendung der Pulskompensation im Vergleich zum analogen Hybridfilter.

7.2   Bewertung beider Filter am Pulswechselrichter

Für eine abschließende Bewertung werden die beiden vorgestellten Varianten der aktiven Störunterdrückung unter gleichen Randbedingungen am PWR aus Kapitel 2.2.1 getestet. Sowohl die Auslegung als auch die Messungen sind auf einen Betriebspunkt von U_{DC} = 200 V bei der Worst-Case-Gleichtaktanregung von I_{Out} = 0A (Nullmomentenmodulation) bezogen. Die Messung ist identisch zum Referenzaufbau aus Kapitel 2.2.1 aufgebaut. An den aktiven Filtervarianten wurden die Injektionskapazitäten so angepasst, dass beide bei einer Zwischenkreisspannung von U_{DC} = 200 V optimal arbeiten. Die Messungen werden zusätzlich zum CISPR 25 relevanten Frequenzbereich von 150 kHz bis 30 MHz auch im Frequenzbereich von 9 kHz bis 150 kHz aufgezeichnet. Letzterer spielt zwar zur Einhaltung der Emissionsgrenzwerte keine Rolle, beeinflusst die magnetische Auslegung von möglichen induktiven Filterbauelementen jedoch maßgeblich. Wird in diesem Frequenzbereich eine Dämpfung erreicht, lässt sich die Sättigungsauslegung des Kernmaterials positiv beeinflussen.

Mit einer Auslegung auf U_{DC} = 300 V ist der Hybridfilter aus Kapitel 3 höher dimensioniert als notwendig. Zur Anpassung wird die Injektionskapazität um ⅓ auf $C_{Inj,HyF}$ = 94 nF je HV-Leitung reduziert. Die Dimensionierung der passiven Filterstufe wird für diesen Vergleich beim Hybridfilter ohne Änderungen übernommen. Mit den Anpassungen bleibt der Betriebspunkt für den analogen Verstärker identisch zur ursprünglichen Auslegung und die Dynamik unverändert.

Die Pulskompensation ist in den vorigen Kapiteln für einen Betrieb bei U_{DC} = 100 V ausgelegt. Um einen Betrieb unter höherer DC-Spannung zu ermöglichen, können nach Gleichung (4-5) entweder die Versorgungsspannung der Kompensation U_{Komp} oder die Injektionskapazität $C_{Inj,PK}$ verdoppelt werden. Im vorliegenden Fall wird eine Verdopplung auf $C_{Inj,PK}$ = 20 nF je HV-Leitung und

Kompensationsmodul gewählt. Damit ergibt sich eine gesamte Injektionskapazität $C_{\text{Inj,PK,ges}}$ = 120 nF bzw. 60 nF je HV-Leiter. Der Hybridfilter liegt mit einer Gesamtkapazität von $C_{\text{Inj,HyF,ges}}$ = 188 nF über der Injektionskapazität der Pulskompensation. Für die spätere Einhaltung einer maximal zulässigen C_Y-Kapazität ist dieser Faktor relevant, da die Injektionskapazität von der gesamten C_Y-Kapazität abgeht. Damit hat $C_{\text{Inj,ges}}$ Einfluss auf die mögliche Filterdimensionierung eines zusätzlichen passiven Filterteils. Als passive Filterstufe wird bei der Pulskompensation dieselbe Filterstufe wie im Fall des Hybridfilters verwendet. Die Filternetzwerke sind in Abbildung 7.1 dargestellt. Im Fall des Hybridfilters wird die passive Filterstufe direkt an den Eingangsklemmen des PWRs positioniert. Für die Pulskompensation zeigt Abschnitt 6.5, dass die passive Filterstufe idealerweise an den Batterieklemmen des Filters positioniert wird und die Injektionskapazität möglichst nah am Zwischenkreis. Die aktiven Elemente sind vereinfacht dargestellt, entsprechen aber des Aufbaus aus Kapitel 3 für den Hybridfilter bzw. Kapitel 6 für die Pulskompensation.

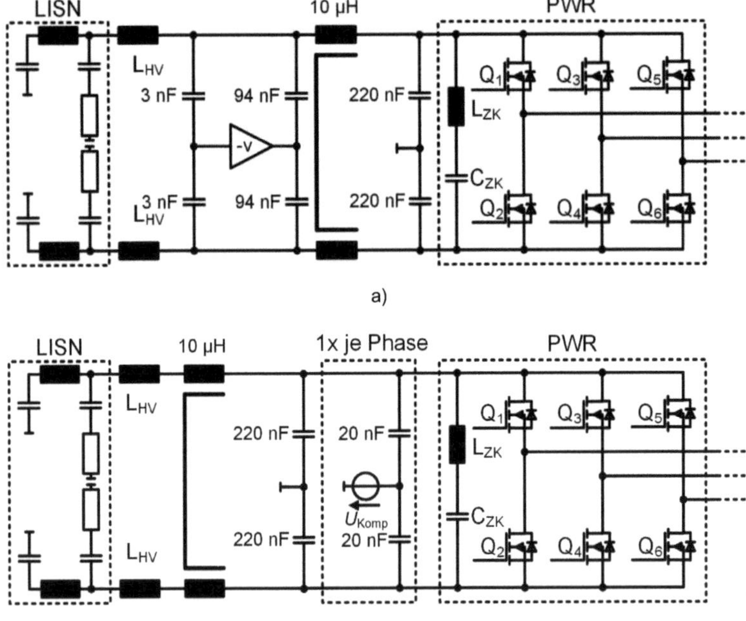

Abbildung 7.1: Filterkombinationen für den Vergleich am PWR; a) Hybridfilter b) Pulskompensation mit passiver Filterstufe

Wie in Kapitel 3.3 gezeigt, tragen die Injektionskapazitäten auch im ausgeschalteten Zustand der aktiven Komponente zur Filterdämpfung bei. Die unterschiedlichen Kapazitäten der Injektionsstufen von Hybridfilter und Pulskompensation beeinflussen das Verhalten des passiven Filters daher unterschiedlich stark. Um vergleichbare Ergebnisse der Wirkung des aktiven Filterbauteils zu erhalten, muss zuerst eine Bewertung im passiven Zustand der beiden Filter durchgeführt werden. Als passiver Zustand wird bei der Pulskompensation ein dauerhafter „Low"-Pegel angelegt. Somit werden die Injektionskapazitäten über den differentiellen Ausgangswiderstand der MOSFET-Halbbrücke von etwa 1 Ω im „Low"-Zustand mit der Referenzmasse verbunden. Aufgrund dieses geringen Serienwiderstands sind die Kapazitäten somit nahezu als reine C_Y-Kapazitäten mit Dämpfungswiderstand wirksam. Der passive Zustand für den Hybridfilter lässt sich, aufgrund der diskreten Verstärkerstufen, nicht eindeutig definieren bzw. in einen stabilen Betriebspunkt überführen. Daher wird für den analogen Hybridfilter der Betriebszustand ohne externe Versorgungsspannung, d. h. im stromlosen Zustand, als passiver Betrieb definiert. Die Ausgangsstufe des Verstärkers befindet sich dabei in einem undefinierten Zustand und hat somit einen willkürlichen Ausgangswiderstand. Für den passiven Betrieb bedeutet dies, dass die Injektionskapazitäten unter Umständen nicht als vollständige C_Y-Kapazitäten fungieren. Somit kann der passive Beitrag des deaktivierten Hybridfilters deutlich geringer ausfallen, verglichen mit der Pulskompensation.

Um diesem unterschiedlichen Verhalten Rechnung zu tragen, werden die jeweiligen aktiven Messungen auf die dazugehörige passive Messung bezogen. Die nachfolgend dargestellten Messergebnisse sind immer als Kombination der aktiven Filterelemente mit den passiven Filterelementen im Verbund ermittelt. Lediglich der Betriebszustand der aktiven Filterelemente wird verändert. Den Unterschied der passiven Messergebnisse bezogen auf die Rohemission ohne jegliche Filterelemente zeigt Abbildung 7.2. Im Vergleich zur Rohemission weisen sowohl die Pulskompensation als auch der Hybridfilter im Maximum bei 1 MHz eine Dämpfung von über 40 dB auf. Gerade im Frequenzbereich unterhalb von 300 kHz ist die schlechte Performance einer rein passiven Filterstufe in beiden Fällen erkennbar. Die Gleichtaktdrossel des passiven Filterteils ist mit $L_{CMC} = 10\ \mu H$ eher gering ausgelegt, weshalb in diesem Frequenzbereich kaum Dämpfung erreicht wird. Zwischen Pulskompensation und Hybridfilter liegt im Spektrum bis etwa 2 MHz nur ein geringer Unterschied von 6 dB bei 1 MHz. Oberhalb von 2 MHz jedoch erreicht die Pulskompensation im passiven Betrieb bis zur Resonanzstelle bei 4,4 MHz einen um bis zu 12 dB niedrigeren Störpegel als der Hybridfilter. Aufgrund der niederohmigen Anbindung der Injektionskapazitäten im

Vergleich zum Hybridfilter, kann die Pulskompensation trotz der etwa halben Kapazität C_{Inj} eine höhere passive Dämpfung erreichen.

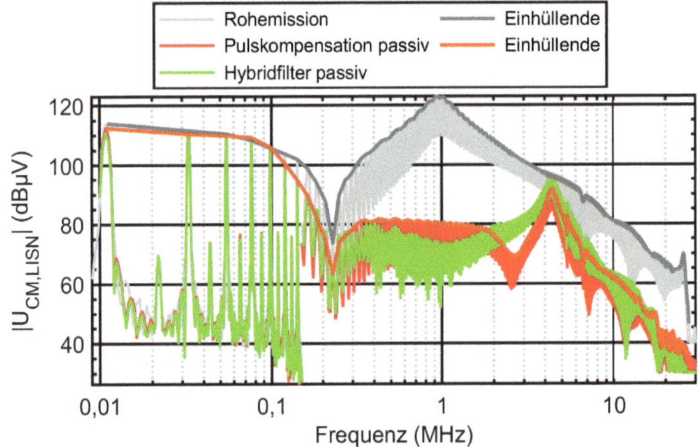

Abbildung 7.2: Vergleich der Gleichtaktstörspannung $|U_{CM,LISN}|$ von Rohemission und Pulskompensation bzw. Hybridfilter im passiven Betrieb

Trotz der leichten Unterschiede zwischen den beiden Filtervarianten werden über einen weiten Frequenzbereich ähnliche Dämpfungswerte erzielt. Gerade im Arbeitsbereich der aktiven Filter, unterhalb von 1 MHz, liegen die Störspektren bei nahezu identischen Pegeln.

Größere Unterschiede treten im aktiven Betrieb der beiden Filtervarianten auf. Abbildung 7.3 zeigt den Vergleich des aktiven Betriebs von Hybridfilter und Pulskompensation. Als Referenzen zur Bewertung der Ergebnisse dienen die Einhüllenden der Störspektren im passiven Betriebszustand aus Abbildung 7.2. Im Frequenzbereich unterhalb von 150 kHz erreichen sowohl der Hybridfilter als auch die Pulskompensation eine signifikante Absenkung der Störemissionen, um 16 – 25 dB im Fall des Hybridfilters und 26 – 40 dB für die Pulskompensation. Der passive Betrieb zeigt, dass gerade im Frequenzbereich zwischen 150 kHz bis 500 kHz ein Bedarf an zusätzlicher Dämpfung durch den aktiven Filterteil besteht. Hier kann durch den Hybridfilter eine zusätzliche Dämpfung von 8 – 23 dB erreicht werden, wohingegen die Pulskompensation 16 – 23 dB Dämpfung erreicht. Oberhalb von 500 kHz befindet sich der Übergangsbereich zwischen passiver und aktiver Filterstufe. In diesem Bereich kann der analoge Hybridfilter nur noch bis ca. 700 kHz eine zusätzliche Dämpfung bereitstellen. Darüber hinaus wird, aufgrund des Phasenfehlers und durch die zu geringe Verstärkerbandbreite, das Spektrum um etwa 6 dB angehoben. Mit steigender Frequenz wird dieser Effekt jedoch durch die Tiefpasscharakteristik der Einkopplung unterdrückt und ab 3 MHz ist keinerlei Einfluss des analogen Aktivteils des Hybridfilters auf die Dämpfung mehr zu erkennen. Die Pulskompensation erreicht bis etwa 2,3 MHz eine zusätzliche Dämpfung, oberhalb davon wird auch bei dieser Kompensationsvariante das Spektrum im Abschnitt bis 3,5 MHz um bis zu 6 dB im Vergleich zum passiven Zustand angehoben.

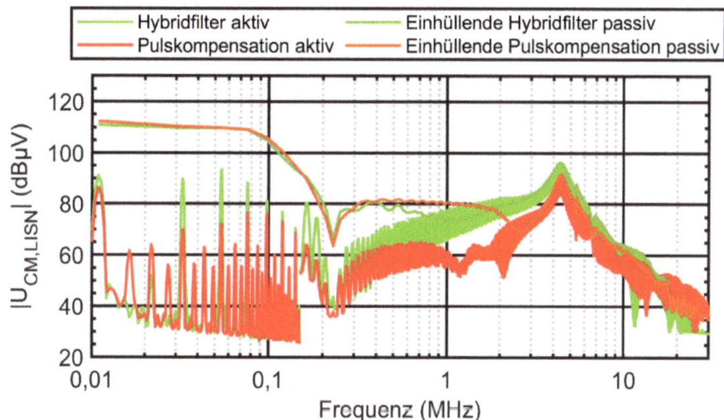

Abbildung 7.3: Vergleich der CM-Spannung $|U_{CM,LISN}|$ von Pulskompensation und Hybridfilter im aktiven Betrieb

Im direkten Vergleich beider Methoden, aufgeführt in Tabelle 7-1, zeigt sich, dass die Pulskompensation etwa 10 dB – 15 dB höhere Dämpfungswerte als der Hybridfilter liefert. Sowohl im Bereich f < 150 kHz als auch 150 kHz < f < 500 kHz, der für mögliche LW Grenzwerte relevant ist, erreicht die Pulskompensation eine deutliche Steigerung der Dämpfung, bezogen auf den passiven Zustand. Obwohl der normrelevante Frequenzbereich erst ab 150 kHz beginnt, wirkt sich unterhalb davon die hohe Dämpfung der aktiven Filterstufen positiv auf die Auslegung der induktiven Bauelemente aus: Für die Sättigungsauslegung sind alle Spektralanteile relevant, womit diese Anteile erheblichen Einfluss auf die Kerngeometrie und das Kernmaterial haben können. Im Bereich des MW-Bands kann die Pulskompensation im Gegensatz zum Hybridfilter zusätzliche 10 – 22 dB Dämpfung erbringen, was der Auslegung der passiven Filterstufe zu Gute kommt.

Tabelle 7-1: Dämpfung von Hybridfilter und Pulskompensation im aktiven Betrieb in ausgewählten Frequenzbereichen

Frequenzbereich	Hybridfilter	Pulskompensation
f < 150 kHz	16 – 25 dB	26 – 40 dB
LW (0,15 – 0,3 MHz)	8 – 23 dB	16 – 23 dB
MW (0,53 – 1,8 MHz)	Max. 6 dB bis 700 kHz	10 – 22 dB

7.3 Zusammenfassung des Vergleichs

Der vorgestellte Vergleich von Pulskompensation und analogem Hybridfilter hat eine deutlich bessere Filterperformance der Pulskompensation bei identischen passiven Filterstufen gezeigt. Über den gesamten wirksamen Frequenzbereich erzielt die Pulskompensation eine etwa 10 – 15 dB höhere Dämpfung. Die Bandbreite im aktiven Betrieb liegt mit 2,3 MHz deutlich höher als beim analogen Hybridfilter.

Ein grober Vergleich der Bauteilkosten hat einen Kostenvorteil der Pulskompensation von etwa 40 % identifiziert. Zudem liegen die ermittelten Kosten im Rahmen früherer Abschätzungen. Ein deutlicher Vorteil der Pulskompensation zeichnet sich zudem im benötigten Bauraum ab. Der Bauraumvorteil der aktiven Filterstufe kann für die Pulskompensation in der vorgestellten Demonstratoranwendung auf etwa 50 % gegenüber dem analogen Hybridfilter beziffert werden. Je nach Layout in der tatsächlichen Applikation kann die Integration der Pulskompensation in den Leistungsteil des PWRs deutlich effizienter gestaltet werden, was den Bauraumvorteil ausbauen kann.

Als Fazit lässt sich zusammenfassen, dass die Verwendung der Pulskompensation sowohl eine bessere Performance des Filters im aktiven Bereich, als auch einen Bauraumvorteil mit sich bringt. Im Idealfall wird die EMV-Auslegung einer leistungselektronischen Komponente von Projektbeginn an begleitet. Somit kann die Pulskompensation möglichst optimal in die Komponente integriert werden. Aufgrund der engen Verflechtung der Ansteuerung von Konverter und Pulskompensation macht eine Nachrüstung in bestehenden Systemen jedoch keinen Sinn – die notwendigen Anpassungen an der Hardware wären in diesem Fall zu komplex. Zur Nachrüstung einer aktiven Filterkomponente bietet sich eher ein aktiver Filter in Analogtechnik an. Dieser benötigt, bis auf die Spannungsversorgung, keine Schnittstellen zur Konverteransteuerung und kann daher mit weniger Aufwand implementiert werden.

8 Zusammenfassung und Ausblick

Damit die Reichweite und damit die Akzeptanz von Elektrofahrzeugen gesteigert werden kann, spielen Bauraum und Gewicht von elektrischen Komponenten eine Schlüsselrolle. Diese Faktoren korrelieren direkt mit der Leistungsdichte von Komponenten der Leistungselektronik im Fahrzeug. Im HV-Bordnetz werden daher zunehmend neue Halbleitertopologien eingesetzt, mit denen sich die Leistungsdichte und Effizienz der Komponenten erheblich steigern lässt. Diese Effizienzsteigerung geht mit einem signifikant erhöhten EMV-Störpotential einher, weshalb passive Filterbaugruppen aufgrund ihres Platzbedarfs bei diesen Komponenten eine Reduzierung der Leistungsdichte bedeuten. An dieser Stelle können aktive Filterlösungen helfen, die Leistungsdichte weiter zu erhöhen. Aus diesem Grund befasst sich die vorliegende Arbeit mit der Entwicklung bzw. Erweiterung einer Methode zur aktiven Störunterdrückung in leistungselektronischen Hochvoltkomponenten. Ziel ist es, eine aktive Entstörmethode zu entwickeln, welche für die Anforderung im HV-Bordnetz geeignet ist.

In einer Analyse der aktuellen Publikationen im Bereich aktiver EMV-Filter kann eine breite Palette an möglichen Filtervarianten aufgezeigt werden. Konventionelle aktive EMV-Filter arbeiten als Feedback bzw. Feedforward Regelschleife mit analogen Verstärkern. Da sich sämtliche Komponenten außerhalb des Leistungsflusses auf den HV-Leitungen befinden, bestehen weniger Restriktionen bei sehr hohen DC-Strömen als bei passiven Filtern. Die Auslegung dieser aktiven Filter hinsichtlich deren Stabilität bringt erheblichen Mehraufwand im Vergleich zu passiven Filtern mit sich. Zudem sind die aktiven Komponenten mit einer zusätzlichen Spannungsversorgung zu versehen. Bauraum, Kosten und Gewicht lassen sich mit aktiven Filtern um 50 – 70 % reduzieren. Zusätzlich zu den konventionellen aktiven Filtermethoden wurde eine Reihe digitaler aktiver Filter entwickelt. Diese sollen höhere Bandbreiten und eine einfachere Integration der aktiven Filter in die Leistungselektronik ermöglichen, verursachen aber neue Nachteile in der Umsetzung, wie beispielsweise hohe Kosten für die geeigneten A/D Wandler. Der bisherige Anwendungsbereich aktiver Filter beschränkt sich auf Anwendungen, die mitunter deutlich unterhalb der Leistungsklassen von HV-Komponenten liegen.

Anhand einer praktischen Demonstratorapplikation für einen PWR wird die Eignung konventioneller aktiver Filter für HV-Anwendungen aufgezeigt. Diese Grundlage dient im weiteren Verlauf der Arbeit als Referenz für den aktuellen Stand der Forschung bei aktiven EMV-Filtern. Eine Erweiterung bisher etablierter Methoden von aktiven Filtern in Analogtechnik auf HV-Komponenten wird generell als möglich eingeschätzt. Der Hardwareaufwand für die notwendigen Verstärkerstufen ist dabei deutlich höher als bei etablierten Methoden.

Außer analogen und digitalen aktiven EMV-Filtern sind in der Literatur für spezielle leistungselektronische Topologien auch alternative Kompensationsmethoden zu finden. Diese basieren auf den Schaltinformationen der Ansteuerung und unterdrücken EMV-Störungen durch einfache aber geeignete multilevel Kompensationspulse. Der Hardwareaufbau kommt mit erheblich weniger Bauelementen als analoge Hybridfilter bei ähnlichen Dämpfungsresultaten aus. Bisher sind diese Methoden hinsichtlich ihrer Kompatibilität zu verschiedenen leistungselektronischen Topologien stark eingeschränkt. Deshalb widmet sich der zweite Teil dieser Arbeit der Entwicklung und Validierung einer erweiterten Methode zur Störunterdrückung mittels Kompensationspulsen für HV-Komponenten. Anhand eines Tiefsetzstellers wird eine Kompensationsmethode vorgestellt, die auf einfachen Rechteckpulsen zur Störunterdrückung basiert. Dieses Verfahren lässt sich aus einer Kombination von Zeit- und Frequenzbereichsanalyse hinsichtlich der notwendigen Pulsform und Amplitude analytisch beschreiben.

Validiert wird die Pulskompensation im CISPR 25 Komponententest eines Tiefsetzstellers. Mit Dämpfungswerten im aktiven Betrieb von über 50 dB im Maximum erreicht die Pulskompensation für aktive Filtermethoden eine sehr hohe Dämpfung. Das vorgestellte Kompensationsverfahren allein genügt zur Entstörung des Tiefsetzstellers im LW und MW Frequenzbereich. Eine Dämpfungsanalyse zeigt, dass die im Modell vorhergesagte und tatsächlich gemessene Filterdämpfung über einen breiten Frequenzbereich mit einer Genauigkeit < 5 dB prognostiziert werden kann. Um Variationen des Schaltverhaltens im Betrieb kompensieren zu können, wird die Pulskompensation um eine automatische Nachführung ergänzt. Ohne diese Nachführung sinkt bei einer Veränderung des Arbeitspunkts die Dämpfung des Systems erheblich. Die Nachführung ermöglicht den Ausgleich von Synchronisationsfehlern und stellt damit die hohe Dämpfung der Pulskompensation über ein breites Spektrum an Betriebspunkten sicher, wie in Kapitel 5.4 gezeigt ist. Auch dynamische Veränderungen, wie sie durch überlagerte Ausgangsregler verursacht werden, lassen sich mit dieser Synchronisationsmethode kompensieren. Somit unterliegt die Pulskompensation für den Tiefsetzsteller keinen Restriktionen hinsichtlich unterschiedlicher Betriebspunkte.

Mit Blick auf den Einsatz im Fahrzeug wird neben DC/DC Wandlern auch ein PWR als Applikation adressiert. Die Analyse des Schaltverhaltens zeigt dabei ein deutlich komplexeres Kommutierungsmuster als der Tiefsetzsteller auf. Wie in Kapitel 6 gezeigt wird, lässt sich unter Einbezug der Phasenlage das Schaltverhalten des PWRs für die Pulskompensation ausreichend genau berücksichtigen.

Somit wird für die Pulskompensation eine erweiterte Rückführung des Ausgangsstroms der Phasenabgänge des PWRs notwendig, um dessen Phasenlage zusätzlich zu berücksichtigen. Für verschiedene Betriebspunkte wird eine aktive Dämpfung von 20 – 40 dB im Frequenzbereich bis 1 MHz erreicht. Auch eine Kombination der Pulskompensation mit einer passiven Filterstufe kann unter Berücksichtigung einiger notwendiger Vorgaben hinsichtlich der Bauteilplatzierung vorgenommen werden.

Abschließend wird die entwickelte Methode der Pulskompensation mit einem konventionellen aktiven Filter in Analogtechnik gegenübergestellt. Konstruktiv kann mit der Pulskompensation sowohl hinsichtlich des Bauraums als auch der Kosten nochmals eine Reduzierung gegenüber konventionellen aktiven Filtern erreicht werden. Auch die Filterperformance der Pulskompensation erreicht bis zu 15 dB höhere Dämpfungswerte. Zusammenfassend zeigt das vorgestellte Verfahren erhebliches Potential zur Reduzierung des passiven Filteraufwands von leistungselektronischen Komponenten. Dank der einfachen Realisierung durch zwei-level Kompensationspulse und der weitgehend in die Konverteransteuerung integrierbaren Synchronisationslogik kann der zusätzliche Hardwareaufwand gegenüber passiven Filterlösungen als gering angesetzt werden.

Bisher wird der wirksame Frequenzbereich der Pulskompensation vor allem durch parasitäre Effekte im Aufbau limitiert. In der Literatur existieren wiederum Beispiele, wie an ähnlichen Störkompensationsverfahren Resonanzeffekte im Aufbau, mittels diskreter Bauteile zur Korrektur im Kompensationszweig, eliminiert werden können. Unter Verwendung dieses Prinzips besteht die Möglichkeit, die Bandbreite der Pulskompensation am PWR weiter zu erhöhen. Bedingt durch den geometrisch ausgedehnten Aufbau des PWRs im Vergleich zum Tiefsetzsteller beginnen parasitäre Effekte den Frequenzgang hier schon deutlich früher negativ zu beeinflussen. Zudem spielt die Abstimmung der Form der Schaltflanken von Kompensationspuls und Störpuls ebenfalls eine Rolle bei der Filterperformance. Im Rahmen der Arbeit wird mit Blick auf eine mögliche praktische Realisierung dieser Parameter fest vorgegeben. Es bestehen jedoch Möglichkeiten die Schaltflanken des Kompensationspulses dynamisch einstellbar zu realisieren [85]. Über diesen Freiheitsgrad lässt sich die Performance des Kompensationssystems weiter steigern und damit der Weg für einen Technologietransfer in die breite Anwendung bereiten.

Literaturverzeichnis

[1]   H. Rebholz, *Modellierung leitungsgebundener Störgrößen in der Komponenten- und Fahrzeugmessung*. sierke Verlag, 2010.

[2]   CISPR25, *DIN EN 55025 - Fahrzeuge, Boote und Verbrennungsmotoren angetriebene Geräte - Funkstöreigenschaften - Grenzwerte und Messverfahren für den Schutz von an Bord befindlichen Empfängern*. Berlin, 2016.

[3]   M. Reuter, *Einfluss der Netzimpedanz von Hochvolt-Systemen auf Entstörkonzepte im Traktionsnetz von Elektrofahrzeugen*. sierke Verlag, 2015.

[4]   S. Niedzwiedz and S. Frei, "Gegenüberstellung leitungsgeführter Störeffekte im HV-Bordnetz für verschiedene Mehrfachantriebstopologien," in *EMV 2018 - Internationale Fachmesse und Kongress für Elektromagnetische Verträglichkeit*, 2018, pp. 216–223.

[5]   P. Hillenbrand, *Simulation der Störemissionen von Traktionsinvertern im Komponententest nach CISPR 25*. sierke Verlag, 2019.

[6]   S. Cordes and F. Klotz, "Active common mode cancellation," *2018 IEEE Int. Symp. Electromagn. Compat. 2018 IEEE Asia-Pacific Symp. Electromagn. Compat.*, pp. 127–130, 2018.

[7]   M. L. Heldwein, H. Ertl, J. Biela, and J. W. Kolar, "Implementation of a transformerless common-mode active filter for offline converter systems," *IEEE Trans. Ind. Electron.*, vol. 57, no. 5, pp. 1772–1786, 2010.

[8]   S. Wang, Y. Y. Maillet, F. Wang, D. Boroyevich, and R. Burgos, "Investigation of hybrid EMI filters for common-mode EMI suppression in a motor drive system," *IEEE Trans. Power Electron.*, vol. 25, no. 4, pp. 1034–1045, 2010.

[9]   G. Ala *et al.*, "Computer Aided Optimal Design of High Power Density EMI Filters," in *16th International Conference on Environmental and Electrical Engineering (EEEIC)*, 2016, pp. 1–14.

[10] D. Müller, M. Beltle, and S. Tenbohlen, "Automatisierte Filteroptimierung für Hochvoltbordnetze basierend auf Schaltungssimulationen zur Störspannungsvorhersage," *EMV 2018 - Int. Fachmesse und Kongress für Elektromagnetische Verträglichkeit*, pp. 208–215, 2018.

[11] D. Müller, M. Beltle, and S. Tenbohlen, "Automated Filter Optimization for High-Voltage Cable Harness Based on Circuit Simulations for Conducted Emissions Prediction," *IEEE Int. Symp. Electromagn. Compat.*, pp. 84–89, 2018.

[12] L. E. Lawhite and M. F. Schlecht, "Active Filters for 1-MHz Power Circuits with Strict Input/Output Ripple Requirements," *IEEE Trans. Power Electron.*, vol. 2, no. 4, pp. 282–290, 1987.

[13] L. Lawhite and M. F. Schlecht, "Design of active ripple filters for power circuits operating in the 1-10 MHz range," *IEEE Trans. Power Electron.*, vol.

3, no. 3, pp. 310–317, 1988.

[14] Y. Sha, W. Chen, H. Qi, Y. Han, X. Yang, and Y. Hao, "Research of active EMI filter for Gallium Nitride based high frequency resonant converter," in *7th Asia-Pacific International Symposium on Electromagnetic Compatibility (APEMC)*, 2016, pp. 491–494.

[15] S. Ohara, S. Ogasawara, T. Masatsugu, K. Orikawa, and Y. Yamamoto, "A novel active common-noise canceler combining feedforward and feedback control," in *IEEE Energy Conversion Congress and Exposition (ECCE)*, 2017, pp. 2469–2475.

[16] J. Ji, W. Chen, Z. Gu, X. Yang, and X. Zhang, "A Control Method of Digital Active EMI Filter," in *Applied Power Electronics Conference and Exposition (APEC)*, 2017, pp. 1141–1145.

[17] S. Jeong, D. Shin, J. Kim, J. Kim, and S. Kim, "Design of Effective Surge Protection Circuits for an Active EMI Filter," in *Asia Pacific International Symposium on Electromagnetic Compatibility (APEMC)*, 2017, pp. 210–212.

[18] D. Shin, S. Jeong, and J. Kim, "Quantified Design Guidelines of a Compact Transformerless Active EMI Filter for Performance, Stability, and High Voltage Immunity," *IEEE Trans. Power Electron.*, vol. 33, no. 8, pp. 6723–6737, 2018.

[19] P. Pairodamonchai, "A Study of an active EMI Filter for Suppression of leakage Current in Motor Drive Systems," in *International Conference on Electrical Maschines and Systems (ICEMS)*, 2015, pp. 1976–1982.

[20] B. Arndt, P. Olbrich, H. Reindl, and C. Waldera, "Breitbandiger aktiver Hybrid-Filter für Kfz-Anwendungen," in *EMV 2018 - Internationale Fachmesse und Kongress für Elektromagnetische Verträglichkeit*, 2018, pp. 432–438.

[21] J. Huang and H. Shi, "A Hybrid Filter for the Suppression of Common-Mode Voltage and Differential-Mode Harmonics in Three-Phase Inverters with CPPM," *IEEE Trans. Ind. Electron.*, vol. 62, no. 7, pp. 3991–4000, 2015.

[22] M. Biskoping, M. Rosekeit, and R. W. De Doncker, "Active EMI-filter using the gate-drivers power supply," in *International Conference on Power Electronics and Drive Systems (PEDS)*, 2015, pp. 449–455.

[23] P. Pairodamonchai, S. Suwankawin, and S. Sangwongwanich, "Design and implementation of a hybrid output EMI filter for high-frequency common-mode voltage compensation in PWM inverters," *IEEE Trans. Ind. Appl.*, vol. 45, no. 5, pp. 1647–1659, 2009.

[24] M. Richter, B. Körber, and M. Trebeck, *Filterung an Stelle von Schirmung für Hochvolt-Komponenten in Elektrofahrzeugen*, vol. 293. Berlin: FAT-Forschungsvereinigung Automobiltechnik e.V., 2017.

[25] C. R. Paul, *Introduction to Electromagnetic Compatibility*, 2nd ed. John Wiley & Sons, Inc., 1992.

[26] D. Schneider, *Abschätzung gestrahlter Emissionen im Kfz-Komponententest bei entwicklungsbegleitenden Prüfungen*. 2016.

[27] A. J. Schwab and W. Kürner, *Elektromagnetische Verträglichkeit*, 6th ed.

Springer-Verlag Berlin Heidelberg, 2011.

[28]   P. Hillenbrand and S. Tenbohlen, "Einfluss der Kabelschirmung der Batterie- und Motorkabel eines Traktionsinverters auf die Störspannung an der Bordnetznachbildung," in *EMV 2016 - Internationale Fachmesse und Kongress fur Elektromagnetische Vertraglichkeit*, 2016, pp. 481–488.

[29]   P. Hillenbrand and S. Tenbohlen, "Ursachen leitungsgebundener Störungen eines KFZ- Inverters im CISPR 25 Komponententest," *7. GMM-Fachtagung - EMV der Kfz-Technik*, 2017.

[30]   D. Müller, D. N. Schweitzer, M. Beltle, and S. Tenbohlen, "An Active Common Mode EMI Filter Approach introducing Predictive Pulsed Compensation," *IEEE Int. Symp. Electromagn. Compat.*, pp. 1003–1008, 2019.

[31]   M. Reuter, T. Friedl, S. Tenbohlen, and W. Köhler, "Emulation of Conducted Emissions of an Automotive Inverter for Filter Development in HV Networks," *IEEE Int. Symp. Electromagn. Compat.*, pp. 236–241, 2013.

[32]   M. Kießlich, B. Arndt, and P. Olbrich, "Entwicklung und Evaluierung eines aktiven EMV-Filters induktiver Topologie für KFZ-Anwendungen," in *EMV 2020 - Internationale Fachmesse und Kongress für Elektromagnetische Verträglichkeit*, 2020, pp. 139–143.

[33]   J. L. Schanen, A. Baraston, M. Delhommais, P. Zanchetta, and D. Boroyevitch, "Sizing of power electronics EMC filters using design by optimization methodology," in *7th Power Electronics, Drive Systems and Technologies Conference (PEDSTC)*, 2016, pp. 279–284.

[34]   P. Hillenbrand, S. Tenbohlen, C. Keller, and K. Spanos, "Understanding Conducted Emissions from an Automotive Inverter Using a Common-Mode Model," in *IEEE International Symposium on Electromagnetic Compatibility*, 2015, pp. 685–690.

[35]   S. Ogasawara, H. Ayano, and H. Akagi, "An Active Circuit for Cancellation of Common-Mode Voltage Generated by a PWM Inverter," *IEEE Trans. Power Electron.*, vol. 13, no. 5, pp. 835–841, 1998.

[36]   P. Cantillon-Murphy, T. C. Neugebauer, C. Brasca, and D. J. Perreault, "An Active Ripple Filtering Technique for Improving Common-Mode Inductor Performance," *IEEE Power Electron. Lett.*, vol. 2, no. 2, pp. 45–50, 2004.

[37]   M. C. Di Piazza, G. Tinè, and G. Vitale, "An improved active common-mode voltage compensation device for induction motor drives," *IEEE Trans. Ind. Electron.*, vol. 55, no. 4, pp. 1823–1834, 2008.

[38]   M. Ali, E. Laboure, and F. Costa, "Integrated Active Filter for Differential-Mode Noise Suppression," *IEEE Trans. Power Electron.*, vol. 29, no. 3, pp. 1053–1057, 2014.

[39]   D. Shin *et al.*, "Analysis and Design Guide of Active EMI Filter in a Compact Package for Reduction of Common-Mode Conducted Emissions," *IEEE Trans. Electromagn. Compat.*, vol. 57, no. 4, pp. 660–671, 2015.

[40]   N. Kikuchi and T. Hirono, "The Active EMI Filter for Suppressing Common - Mode Noise in Bridge - less PFC Converter System," in *19th International Conference on Electrical Machines and Systems (ICEMS)*, 2016, pp. 1–6.

[41] S. Mollov and L. Rambaud, "A Fully-Isolated Robust Common-Mode Hybrid Filter," in *10th International Conference on Integrated Power Electronics Systems (CIPS)*, 2018, pp. 18–24.

[42] T. Farkas and M. F. Schlecht, "Viability of Active EMI Filters for Utility Applications," *IEEE Trans. Power Electron.*, vol. 9, no. 3, pp. 328–337, 1994.

[43] D. C. Hamill, "An Efficient Active Ripple Filter for Use in DC-DC Conversion," *IEEE Trans. Aerosp. Electron. Syst.*, vol. 32, no. 3, pp. 1077–1084, 1996.

[44] I. Takahashi, A. Ogata, H. Kanazawa, and A. Hiruma, "Active EMI Filter for Switching Noise of High Frequency Inverters," in *Proceedings of Power Conversion Conference (PPC'97)*, 1997, vol. 1, pp. 331–334.

[45] Y. C. Son and S. K. Sul, "A New Active Common-Mode EMI Filter for PWM Inverter," *IEEE Trans. Power Electron.*, vol. 18, no. 6, pp. 1309–1314, 2003.

[46] W. Chen, X. Yang, and Z. Wang, "An Active EMI Filtering Technique for Improving Passive Filter Low-Frequency Performance," *IEEE Trans. Electromagn. Compat.*, vol. 48, no. 1, pp. 172–177, 2006.

[47] J. Biela, A. Wirthmueller, R. Waespe, M. L. Heldwein, K. Raggl, and J. W. Kolar, "Passive and Active Hybrid Integrated EMI Filters," *IEEE Trans. Power Electron.*, vol. 24, no. 5, pp. 1340–1349, 2009.

[48] D. Hamza and M. Qiu, "Digital active EMI control technique for switch mode power converters," *IEEE Trans. Electromagn. Compat.*, vol. 55, no. 1, pp. 81–88, 2013.

[49] D. Shin, J. Kim, C. Son, S. Jeon, B. Cho, and J. Han, "A Simple Low-Cost Common Mode Active EMI Filter Using a push-pull Amplifier," in *IEEE Energy Conversion Congress and Exposition (ECCE)*, 2016, pp. 1–5.

[50] J. Ji, W. Chen, and X. Yang, "Design and Precise Modeling of a Novel Digital Active EMI Filter," in *IEEE Applied Power Electronics Conference and Exposition (APEC)*, 2016, pp. 3115–3120.

[51] A. Amaducci, "Design of a Wide Bandwidth Active Filter for Common Mode EMI suppression in Automotive systems," in *IEEE International Symposium on Electromagnetic Compatibility & Signal/Power Integrity (EMCSI)*, 2017, pp. 612–618.

[52] N. K. Poon, J. C. P. Liu, C. K. Tse, and M. H. Pong, "Techniques for Input Ripple Current Cancellation: Classification and Implementation," *IEEE 31st Annu. Power Electron. Spec. Conf.*, pp. 940–945, 2000.

[53] W. Chen, X. Yang, and Z. Wang, "Systematic evaluation of hybrid active EMI filter based on equivalent circuit model," in *37th IEEE Power Electronics Specialists Conference*, 2006, pp. 1–7.

[54] Y. C. Son and S. K. Sul, "Generalization of Active Filters for EMI Reduction and Harmonics Compensation," *IEEE Trans. Ind. Appl.*, vol. 42, no. 2, pp. 545–551, 2006.

[55] A. Nasiri, "Different Topologies of Active EMI/Ripple Filters for Automotive DC/DC Converters," in *IEEE Vehicle Power and Propulsion Conference*, 2005, pp. 168–173.

[56]   M. Zhu, D. J. Perreault, V. Caliskan, T. C. Neugebauer, S. Guttowski, and J. G. Kassakian, "Design and Evaluation of Feedforward Active Ripple Filters," *IEEE Trans. Power Electron.*, vol. 20, no. 2, pp. 276–285, 2005.

[57]   D. Hamza, M. Pahlevaninezhad, and P. K. Jain, "Implementation of a Novel Digital Active EMI Technique in a DSP-Based DC-DC Digital Controller Used in Electric Vehicle (EV)," *IEEE Trans. Power Electron.*, vol. 28, no. 7, pp. 3126–3137, 2013.

[58]   D. Hamza, M. Qiu, and P. K. Jain, "Application and Stability Analysis of a Novel Digital Active EMI Filter Used in a Grid-Tied PV Microinverter Module," *IEEE Trans. Power Electron.*, vol. 28, no. 6, pp. 2867–2874, 2013.

[59]   U. Tietze, C. Schenk, and E. Gamm, *Halbleiter-Schaltungstechnik*, 14th ed. Springer-Verlag Berlin Heidelberg, 2012.

[60]   B. Narayanasamy, F. Luo, and Y. Chu, "Modeling and Stability Analysis of Voltage Sensing based Differential Mode Active EMI Filters for AC-DC Power Converters," *IEEE Symp. Electromagn. Compat. Signal Integr. Power Integr. (EMC, SI&PI)*, pp. 322–328, 2018.

[61]   R. Goswami, S. Wang, E. Solodovnik, and K. J. Karimi, "Differential Mode Active EMI Filter Design for a Boost Power Factor Correction AC/DC Converter," *IEEE J. Emerg. Sel. Top. Power Electron.*, vol. 7, no. 1, pp. 576–590, 2019.

[62]   J. Ji, W. Chen, X. Yang, and J. Lu, "Delay and Decoupling Analysis of a Digital Active EMI Filter Used in Arc Welding Inverter," *IEEE Trans. Power Electron.*, vol. 33, no. 8, pp. 6710–6722, 2018.

[63]   A. Bendicks, T. Dörlemann, S. Frei, N. Hess, and M. Wiegand, "FPGA-basierte aktive Gegenkopplung der Schaltharmonischen von leistungselektronischen Systemen," in *EMV 2018 - Internationale Fachmesse und Kongress für Elektromagnetische Verträglichkeit*, 2018, pp. 652–661.

[64]   A. Bendicks, T. Dörlemann, S. Frei, N. Hees, and M. Wiegand, "Active EMI Reduction of Stationary Clocked Systems by Adapted Harmonics Cancellation," *IEEE Trans. Electromagn. Compat.*, vol. 61, no. 4, pp. 998–1006, 2019.

[65]   A. Bendicks, T. Osterburg, S. Frei, M. Wiegand, and N. Hees, "Wide-Frequency EMI Suppression of Stationary Clocked Systems by Injecting Successively Adapted Cancellation Signals," *IEEE Int. Symp. Electromagn. Compat.*, pp. 36–41, 2019.

[66]   A. Bendicks, M. Rübartsch, and S. Frei, "Simultaneous EMI Suppression of the Input and Output Terminals of a DC/DC Converter by Injecting Multiple Synthesized Cancellation Signals," *IEEE Int. Symp. Electromagn. Compat.*, pp. 842–847, 2019.

[67]   A. Bendicks, M. Gerten, and S. Frei, "Aktive Unterdrückung der elektromagnetischen Störungen eines stationär betriebenen Antriebswechselrichters mithilfe von synthetisierten und synchronisierten Gegenstörsignalen," in *EMV 2020 - Internationale Fachmesse und Kongress für Elektromagnetische Verträglichkeit*, 2020, pp. 423–432.

[68]   A. Bendicks, A. Peters, S. Frei, M. Wiegand, and N. Hees, "FPGA-basierte

aktive Unterdrückung der elektromagnetischen Störungen einer aktiven Leistungsfaktorkorrektur (PFC) durch die Injektion von modulierten Sinussignalen," *EMV 2020 - Int. Fachmesse und Kongress für Elektromagnetische Verträglichkeit*, pp. 433–442, 2020.

[69] W. Chen, X. Yang, and Z. Wang, "An Experimental Study and Comparison of Common Mode and Differential Mode Noise Compensation Characteristic for Active EMI Filter," in *IEEE Power Electronics Specialists Conference (PESC)*, 2008, pp. 4399–4404.

[70] Y. Yang, X. Chang, W. Chen, and X. Yang, "Implementation of a MOSFET-based active differential mode EMI filter in DC/DC converter," in *International Power Electronics and Application Conference and Exposition*, 2014, pp. 1345–1348.

[71] Y. Sha, W. Chen, Z. Zhao, F. Zhang, C. Pei, and Z. Chen, "Research of active EMI suppression strategy for high power density power supply," *Conf. Proc. - IEEE Appl. Power Electron. Conf. Expo. - APEC*, vol. 2018-March, no. 1, pp. 611–614, 2018.

[72] R. Goswami and S. Wang, "Investigation and Modeling of Combined Feedforward and Feedback Control Schemes to Improve the Performance of Differential Mode Active EMI Filters in AC-DC Power Converters," *IEEE Trans. Ind. Electron.*, vol. 66, no. 8, pp. 6538–6548, 2019.

[73] S. Takahashi, S. Ogasawara, M. Takemoto, K. Orikawa, and M. Tamate, "Common-Mode Voltage Attenuation of an Active Common-Mode Filter in a Motor Drive System Fed by a PWM Inverter," *IEEE Trans. Ind. Appl.*, vol. 55, no. 3, pp. 2721–2730, 2019.

[74] S. Jeong, D. Shin, and J. Kim, "A Transformer-Isolated Common-Mode Active EMI Filter Without Additional Components on Power Lines," *IEEE Trans. Power Electron.*, vol. 34, no. 3, pp. 2244–2257, 2019.

[75] D. Shin, S. Jeong, Y. Baek, C. Park, G. Park, and J. Kim, "A Balanced Feedforward Current-Sense Current-Compensation Active EMI Filter for Common-Mode Noise Reduction," *IEEE Trans. Electromagn. Compat.*, vol. 62, no. 2, pp. 386–397, 2020.

[76] J. Ji, W. Chen, and X. Yang, "Arc Welding Inverter With Embedded Digital Active EMI Controller," in *IEEE Applied Power Electronics Conference and Exposition (APEC)*, 2016, pp. 493–498.

[77] D. Müller, K. Spanos, M. Beltle, and S. Tenbohlen, "Design of a Hybrid Common - Mode EMI Filter for Traction Inverters in Electrical Vehicles," in *International Exhibition and Conference for Power Electronics, Intelligent Motion, Renewable Energy and Energy Management (PCIM)*, 2019, pp. 638–642.

[78] Texas Instruments, "LM7171 Datasheet," 2014.

[79] O. Semiconductor, "D44H Series (NPN), D45H Series (PNP) Complementary Silicon Power Transistors," 2014.

[80] D. Müller, K. Spanos, M. Beltle, and S. Tenbohlen, "Improvement of Predictive Pulsed Compensation using Adapted Synchronization," in *IEEE International Symposium on Electromagnetic Compatibility*, 2020, pp. 1–5.

[81] D. Drozhzhin, V. Karakasli, and G. Griepentrog, "Comprehensive Analysis

of Converter Output Voltage for Conducted Noise Simulation," *IEEE Int. Symp. Electromagn. Compat.*, pp. 42–47, 2019.

[82]   A. Küchler, *Hochspannungstechnik*. Springer-Verlag Berlin Heidelberg, 2009.

[83]   P. Hillenbrand, M. Böttcher, S. Tenbohlen, and J. Hansen, "Frequency Domain EMI-Simulation and Resonance Analysis of a DCDC-Converter," in *2016 International Symposium on Electromagnetic Compatibility - EMC EUROPE*, 2016, pp. 176–181.

[84]   M. Michel, *Leistungselektroik*, 5th ed. Berlin: Springer-Verlag Berlin Heidelberg, 2011.

[85]   X. Yang and P. R. Palmer, "Shaping pulse transitions by active voltage control for reduced EMI generation," *IEEE Energy Convers. Congr. Expo.*, pp. 1682–1687, 2013.

Anhang

[A] Herleitung der Einfügedämpfung analoger aktiver EMV-Filter

Im folgenden Abschnitt wird die Herleitung der ideal erreichbaren Einfügedämpfung für aktive Filter in Analogtechnik ausführlich dargestellt. Anhand des in Abschnitt 3.1 vorgestellten, stark vereinfachten Ersatznetzwerks lässt sich die idealisierte Einfügedämpfung für aktive Filter in Analogtechnik herleiten. Das Ersatzschaltbild des PWR als stark vereinfachtes Netzwerk mit Quellenimpedanz $\underline{Z}_{PWR}$, Senkenimpedanz $\underline{Z}_{HV}$ und Störquelle $\underline{U}_{Stör,CM}$ ist in Abbildung A.1 dargestellt. Das Netzwerk wird in die zwei Teilbereiche der Störsenke und Störquelle unterteilt.

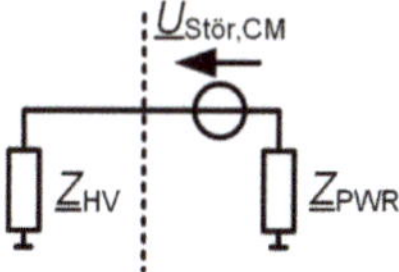

Abbildung A.1: Stark vereinfachtes ESB des PWR als Störquelle mit Quellen- und Senkenimpedanz ($\underline{Z}_{PWR}$ bzw. $\underline{Z}_{HV}$)

Die idealisierte Darstellung eines aktiven Filters lässt sich als gesteuerte Strom- bzw. Spannungsquelle realisieren. Die beiden möglichen Varianten im vereinfachten Ersatzschaltbild in Abbildung A.2 sind als ideale, gesteuerte Quellen berücksichtigt. Eine Störspannungsunterdrückung in Abbildung A.2a kann entweder von der Störspannung als auch dem Störstrom über der Senkenimpedanz $\underline{Z}_{HV}$ abhängen. Gleiches gilt für die aktive Störstromunterdrückung in Abbildung A.2b. Die jeweilige Steuergröße wird über die Quelle skaliert mit einem Verstärkungsfaktor v in das Netzwerk eingeprägt. Je nach Konfiguration entspricht v einer einfachen Verstärkung, einer Transadmittanz oder einer Transimpedanz.

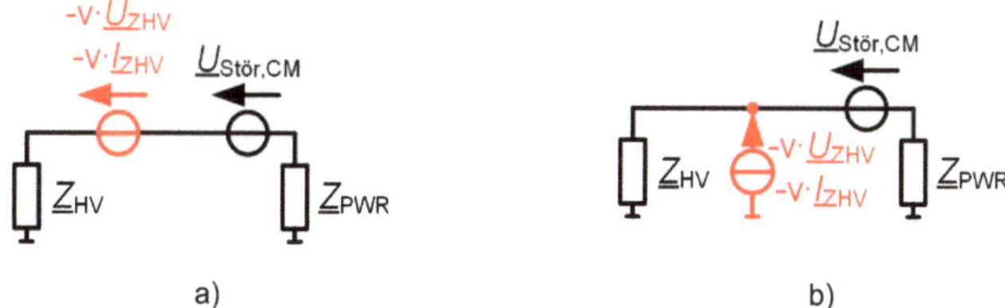

Abbildung A.2: Ersatznetzwerk mit aktivem Filter als a) gesteuerte Spannungsquelle und b) gesteuerte Stromquelle

Die Einfügedämpfung IL wird anhand der Spannung über der Senkenimpedanz $\underline{U}_{ZHV}$ definiert. Dabei gibt IL nach Gleichung (A-1) das logarithmische Verhältnis der Störspannung $\underline{U}_{ZHV,oF}$ ohne Filter bezogen auf die Störspannung $\underline{U}_{ZHV,mF}$ mit Filter an.

$$IL = 20 \cdot \log_{10} \left| \frac{\underline{U}_{ZHV,oF}}{\underline{U}_{ZHV,mF}} \right| \tag{A-1}$$

Für die Herleitung der Einfügedämpfung der einzelnen Filterkonfigurationen (CSCI, CSVI, VSCI und VSVI) werden einige Vereinfachungen getroffen.

- Das Frequenzverhalten der Quelle und damit der analogen Verstärkerstufe wird als ideal, d. h. frequenzunabhängig betrachtet
- Die Quelle ist direkt in das Netzwerk eingebunden, d. h. es gibt kein zwischengeschaltetes Koppelelement
- Die Erfassung der steuernden Größe geschieht ebenfalls ideal, d. h. frequenzunabhängig und als 1:1 Abbildung der Messgröße

Aufgrund der getroffenen Vereinfachungen stellt die berechnete Einfügedämpfung die maximal erreichbare Dämpfung des aktiven Filters dar. Aufgrund der frequenzabhängigen Eigenschaften von Einkopplung, Auskopplung und Verstärkerstufe wird die Dämpfung in der realen Anwendung immer geringer ausfallen. Zur Bewertung der Eignung einer Topologie für eine bestimmte Impedanzsituation ($\underline{Z}_{HV}$ zu $\underline{Z}_{PWR}$) bietet diese Betrachtung jedoch ein probates Mittel.

Die Störspannung $\underline{U}_{ZHV,oF}$ für den Fall ohne aktiven Filter kann aus Abbildung A.1 mittels Spannungsteilerregel ermittelt werden.

$$\underline{U}_{ZHV,oF} = \underline{U}_{Stör,CM} \cdot \frac{\underline{Z}_{HV}}{\underline{Z}_{HV} + \underline{Z}_{PWR}} \tag{A-2}$$

Für den Fall $\underline{U}_{ZHV,mF}$ mit aktivem Filter muss die Schaltung nach Gleichung (A-3) als Superposition der beiden Spannungsquellen analysiert werden

$$\underline{U}_{ZHV,mF} = \underline{U}_{ZHV,Stör,CM} + \underline{U}_{ZHV,AEF} \tag{A-3}$$

Der Term $\underline{U}_{ZHV,Stör,CM}$ ist identisch zu $\underline{U}_{ZHV,oF}$. Für den Fall des Filters als aktiver Quelle ergibt sich die Spannung $\underline{U}_{ZHV,AEF}$ an der Senke nach Gleichung (A-4).

$$\underline{U}_{ZHV,AEF} = \underline{U}_{AEF} \cdot \frac{\underline{Z}_{HV}}{\underline{Z}_{HV} + \underline{Z}_{PWR}} \tag{A-4}$$

Dabei stellt sich eine Spannung $\underline{U}_{AEF}$ am Filter in Abhängigkeit des Stroms durch $\underline{Z}_{HV}$ sowie der Transimpedanz v ein. Über den Zusammenhang zwischen Strom und Spannung an $\underline{Z}_{HV}$ kann $\underline{I}_{ZHV}$ in $\underline{U}_{ZHV}$ umgeformt werden. Es ist zu beachten, dass $\underline{U}_{ZHV} \neq \underline{U}_{ZHV,AEF}$, da für den aktiven Filter die Wirkung der Störquelle auf $\underline{Z}_{HV}$ ebenfalls relevant ist.

$$\underline{U}_{AEF} = -v \cdot \underline{I}_{ZHV} \qquad \text{(A-5)}$$

$$\underline{I}_{ZHV} = \frac{\underline{U}_{ZHV}}{\underline{Z}_{HV}} \qquad \text{(A-6)}$$

Werden die Gleichungen (A-5) und (A-6) in (A-4) eingesetzt ergibt sich folgender Zusammenhang für $\underline{U}_{ZHV,AEF}$

$$\underline{U}_{ZHV,AEF} = -\underline{U}_{ZHV,mF} \cdot \frac{v}{\underline{Z}_{HV}+\underline{Z}_{PWR}} \qquad \text{(A-7)}$$

Durch Kombination von Gleichung (A-7) mit (A-3) bzw. (A-2) kann die Störspannung $\underline{U}_{ZHV,mF}$ für den Fall des Netzwerks mit Filter ausgedrückt werden,

$$\underline{U}_{ZHV,mF} = \underline{U}_{Stör,CM} \cdot \frac{\underline{Z}_{HV}}{\underline{Z}_{HV}+\underline{Z}_{PWR}} - \underline{U}_{ZHV,mF} \cdot \frac{v}{\underline{Z}_{HV}+\underline{Z}_{PWR}} \qquad \text{(A-8)}$$

was sich vereinfachen lässt zu

$$\underline{U}_{ZHV,mF} = \frac{\underline{U}_{Stör,CM} \cdot \dfrac{\underline{Z}_{HV}}{\underline{Z}_{HV}+\underline{Z}_{PWR}}}{1 + \dfrac{v}{\underline{Z}_{HV}+\underline{Z}_{PWR}}} \qquad \text{(A-9)}$$

Mit Gleichung (A-1) kann die Einfügedämpfung IL der stromgesteuerten Störspannungsunterdrückung (CSVI) ermittelt werden.

$$IL = 20 \cdot \log_{10} \left| \frac{\underline{U}_{Stör,CM} \cdot \dfrac{\underline{Z}_{HV}}{\underline{Z}_{HV}+\underline{Z}_{PWR}}}{\dfrac{\underline{U}_{Stör,CM} \cdot \dfrac{\underline{Z}_{HV}}{\underline{Z}_{HV}+\underline{Z}_{PWR}}}{1 + \dfrac{v}{\underline{Z}_{HV}+\underline{Z}_{PWR}}}} \right| \qquad \text{(A-10)}$$

Nach Vereinfachung von Gleichung (A-10) ergibt sich der Ausdruck für die Einfügedämpfung IL_{CSVI} der CSVI-Topologie.

$$IL_{CSVI} = 20 \cdot \log_{10} \left| 1 + \frac{v}{\underline{Z}_{HV}+\underline{Z}_{PWR}} \right| \qquad \text{(A-11)}$$

Für die spannungsgesteuerte Störspannungsunterdrückung (VSVI) ergibt sich nach identischer Herleitung folgende Einfügedämpfung IL_{VSVI}

$$IL_{VSVI} = 20 \cdot \log_{10} \left| 1 + \frac{v \cdot \underline{Z}_{HV}}{\underline{Z}_{HV}+\underline{Z}_{PWR}} \right| \qquad \text{(A-12)}$$

Für die Störstromunterdrückung deckt sich der Fall ohne aktiven Filter mit dem aus Gleichung (A-2). Somit kann diese Gleichung unverändert übernommen werden. Der Fall mit aktivem Filter muss ebenfalls als Superposition der Störspannungsquelle und der Stromquelle zur Störkompensation berechnet werden. Wie auch schon für die Störspannungsunterdrückung ergibt sich der Zusammenhang der Störspannung an der Senke $\underline{Z}_{HV}$ zu

$$\underline{U}_{ZHV,mF} = \underline{U}_{ZHV,Stör,CM} + \underline{U}_{ZHV,AEF} \tag{A-13}$$

Die Beziehung zwischen Strom und Spannung an der Störsenke beschreibt Gleichung (A-14).

$$\underline{U}_{ZHV,AEF} = \underline{I}_{ZHV} \cdot \underline{Z}_{HV} \tag{A-14}$$

Der Strom durch die Störsenke lässt sich über die Stromteilerregel in Abhängigkeit vom Kompensationsstrom $\underline{I}_{AEF}$ des aktiven Filters und den Systemimpedanzen $\underline{Z}_{PWR}$ und $\underline{Z}_{HV}$ ausdrücken.

$$\underline{I}_{ZHV} = \underline{I}_{AEF} \cdot \frac{\underline{Z}_{PWR}}{\underline{Z}_{HV} + \underline{Z}_{PWR}} \tag{A-15}$$

Bei der störspannungsgesteuerten Störstromunterdrückung wird der Ausgangsstrom des aktiven Filters $\underline{I}_{AEF}$ in Abhängigkeit von der Störspannung $\underline{U}_{ZHV,mF}$ eingestellt. Der Faktor v repräsentiert in diesem Fall eine Transadmittanz.

$$\underline{I}_{AEF} = -v \cdot \underline{U}_{ZHV,mF} \tag{A-16}$$

Werden die Gleichungen (A-15) und (A-16) in (A-14) eingesetzt, ergibt sich der Anteil der Störspannung mit aktivem Filter $\underline{U}_{ZHV,AEF}$.

$$\underline{U}_{ZHV,AEF} = -v \cdot \underline{U}_{ZHV,mF} \cdot \frac{\underline{Z}_{HV} \cdot \underline{Z}_{PWR}}{\underline{Z}_{HV} + \underline{Z}_{PWR}} \tag{A-17}$$

Die Superposition der beiden Teilspannungen zu $\underline{U}_{ZHV,mF}$ ergibt sich durch Kombination von Gleichung (A-13) und (A-17).

$$\underline{U}_{ZHV,mF} = \underline{U}_{Stör,CM} \cdot \frac{\underline{Z}_{HV}}{\underline{Z}_{HV} + \underline{Z}_{PWR}} - v \cdot \underline{U}_{ZHV,mF} \cdot \frac{\underline{Z}_{HV} \cdot \underline{Z}_{PWR}}{\underline{Z}_{HV} + \underline{Z}_{PWR}} \tag{A-18}$$

Gleichung (A-18) kann anschließend vereinfacht werden zu

$$\underline{U}_{ZHV,mF} = \frac{\underline{U}_{Stör,CM} \cdot \dfrac{\underline{Z}_{HV}}{\underline{Z}_{HV} + \underline{Z}_{PWR}}}{1 + v \cdot \dfrac{\underline{Z}_{HV} \cdot \underline{Z}_{PWR}}{\underline{Z}_{HV} + \underline{Z}_{PWR}}} \tag{A-19}$$

Durch Einsetzen von Gleichung (A-2) und (A-19) in (A-1) kann die Einfügedämpfung IL_{VSCI} in Abhängigkeit der Systemimpedanzen und der Transadmittanz ausgedrückt werden.

$$IL_{VSCI} = 20 \cdot \log_{10} \left| 1 + \frac{v \cdot \underline{Z}_{HV} \underline{Z}_{PWR}}{\underline{Z}_{HV} + \underline{Z}_{PWR}} \right| \qquad (A\text{-}20)$$

Für die stromgesteuerte Störstromunterdrückung (CSCI) ergibt sich nach identischer Herleitung folgende Einfügedämpfung IL_{CSCI}

$$IL_{CSCI} = 20 \cdot \log_{10} \left| 1 + \frac{v \cdot \underline{Z}_{PWR}}{\underline{Z}_{HV} + \underline{Z}_{PWR}} \right| \qquad (A\text{-}20)$$

[B] Empfängereinstellungen des Zeitbereichsmessempfängers

Die Emissionsmessungen in der vorliegenden Arbeit sind mit einem Zeitbereichsmessempfänger aufgezeichnet worden. Die Empfängereinstellungen der Messungen sind den nachfolgenden Tabellen zu entnehmen. Die Einstellungen für die Messungen am Tiefsetzsteller sind in Tabelle B-1 aufgelistet, die für den PWR in Tabelle B-2.

Tabelle B-1: Empfängereinstellungen bei den Emissionsmessungen am Tiefsetzsteller

Parameter	Wert
Frequenzband	9 kHz – 30 MHz
Schrittweite	500 Hz
ZF-Bandbreite	1 kHz
Detektor	Mittelwert
Messzeit	50 ms

Tabelle B-2: Empfängereinstellungen der Emissionsmessungen am PWR

Frequenzband	9 kHz – 150 kHz	150 kHz – 30 MHz
ZF-Bandbreite	1 kHz	9 kHz
Schrittweite	500 Hz	5 kHz
Detektorschaltung	Mittelwert	Mittelwert
Messzeit	50 ms	50 ms

[C] Herleitung der Spannungsübertragungsfunktion basierend auf S-Parametermessungen

Im folgenden Abschnitt wird die Spannungsübertragungsfunktion aus einem Satz Streuparametern hergeleitet. Basierend auf den Kettenparametern eines beliebigen Vierpols kann dessen Spannungsübertragungsfunktion hergeleitet werden. Strom und Spannung am Vierpol sind in Abbildung C.1 definiert. Die Eingangsgrößen des Vierpols sind U_1 und I_1, am Ausgang des Vierpols stellen sich die Spannung U_2 und der Strom I_2 ein.

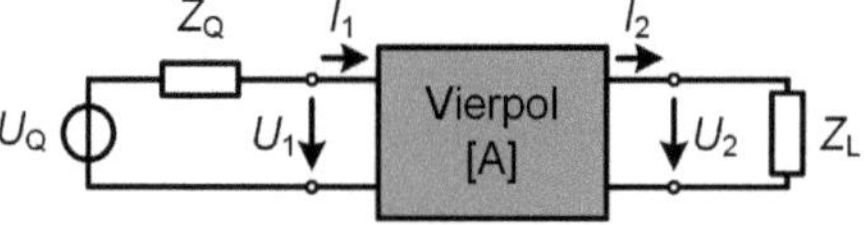

Abbildung C.1: Definition der Größen am Vierpol

Aus den Eingangs- bzw. Ausgangsgrößen lassen sich die Vierpolgleichungen in Kettenform ableiten.

$$\underline{U}_1 = \underline{A}_{11} \cdot \underline{U}_2 + \underline{A}_{12} \cdot \underline{I}_2 \qquad (B.1)$$

$$\underline{I}_1 = \underline{A}_{21} \cdot \underline{U}_2 + \underline{A}_{22} \cdot \underline{I}_2 \qquad (B.2)$$

Zur Ermittlung der Spannungsübertragung wird Gleichung (B.1) in Abhängigkeit von $\underline{U}_2$ ausgedrückt zu

$$\underline{U}_1 = \underline{A}_{11} \cdot \underline{U}_2 + \underline{A}_{12} \cdot \frac{\underline{U}_2}{\underline{Z}_L} \qquad (B.3)$$

Aus Gleichung (B.3) kann anschließend die Spannungsübertragung G in Kettenparametern abgeleitet werden.

$$G = \frac{\underline{U}_2}{\underline{U}_1} = \frac{\underline{Z}_L}{\underline{A}_{11} \cdot \underline{Z}_L + \underline{A}_{12}} \qquad (B.4)$$

Die Messdaten aus der VNA-Messung liegen als S-Parametersatz im folgenden Format vor:

$$[\underline{S}] = \begin{pmatrix} \underline{S}_{11} & \underline{S}_{12} \\ \underline{S}_{21} & \underline{S}_{22} \end{pmatrix}$$

Die Kettenparameter lassen sich in Abhängigkeit der S-Parameter nachfolgendem Zusammenhang ausdrücken [3]

$$\underline{A}_{11} = \frac{\left(1 + \underline{S}_{11}\right) \cdot \left(1 - \underline{S}_{22}\right) + \underline{S}_{12} \underline{S}_{21}}{2 \cdot \underline{S}_{21}} \qquad (B.5)$$

$$\underline{A}_{12} = \underline{Z}_{\mathrm{L}} \cdot \frac{\left(1 + \underline{S}_{11}\right) \cdot \left(1 + \underline{S}_{22}\right) - \underline{S}_{12}\underline{S}_{21}}{2 \cdot \underline{S}_{21}} \tag{B.6}$$

$$\underline{A}_{21} = \frac{1}{\underline{Z}_{\mathrm{Q}}} \frac{\left(1 - \underline{S}_{11}\right) \cdot \left(1 - \underline{S}_{22}\right) - \underline{S}_{12}\underline{S}_{21}}{2 \cdot \underline{S}_{21}} \tag{B.7}$$

$$\underline{A}_{22} = \frac{\left(1 - \underline{S}_{11}\right) \cdot \left(1 + \underline{S}_{22}\right) - \underline{S}_{12}\underline{S}_{21}}{2 \cdot \underline{S}_{21}} \tag{B.8}$$

Für den Fall der VNA-Messung im 50 Ω System gilt, dass $Z_{\mathrm{Q}} = Z_{\mathrm{L}} = 50\ \Omega$. Durch Einsetzen der Gleichungen (B.5) und (B.6) in (B.4) ergibt sich die Spannungs-übertragung $\underline{U}_2/\underline{U}_1$ in Abhängigkeit der S-Parameter.

$$\frac{\underline{U}_2}{\underline{U}_1} = \frac{2 \cdot \underline{S}_{21}}{\left(1 + \underline{S}_{11}\right)\left(1 - \underline{S}_{22}\right) + \underline{S}_{12}\underline{S}_{21} + \left(1 + \underline{S}_{11}\right)\left(1 + \underline{S}_{22}\right) - \underline{S}_{12}\underline{S}_{21}} \tag{B.9}$$

Diese Gleichung lässt sich weiter vereinfachen zur allgemeinen Spannungsüber-tragungsfunktion in Abhängigkeit der S-Parameter.

$$\frac{\underline{U}_2}{\underline{U}_1} = \frac{\underline{S}_{21}}{1 + \underline{S}_{11}} \tag{B.10}$$

[D] Monetärer Vergleich zwischen analogem Hybridfilter und Pulskompensation

Zur monetären Bewertung der beiden Methoden wird deren Bauteilaufwand anhand der angefallenen Kosten der realisierten Demonstratoren herangezogen. Der Vergleich beschränkt sich auf die Bauteilkosten der primären Bauelemente der aktiven Filter anhand der verfügbaren Stückpreise eines großen Bauteildistributors. Rabatte durch Abnahme von großen Bauteilmengen werden nicht berücksichtigt. Aufgrund des überproportionalen Skalierungseffekts beim Preis von Leiterplatten werden diese in der nachfolgenden Aufstellung nicht berücksichtigt. Die zusätzliche Spannungsversorgung, die je nach Auslegung der Pulskompensation anfällt, wird ebenfalls nicht mit einbezogen. Somit werden für die Preisbewertung möglichst gleiche Randbedingungen beider Methoden vorausgesetzt.

Eine Aufstellung der Bauteilkosten der Kernkomponenten der beiden aktiven Filtervarianten ist in Tabelle D-1 gegeben. Im Fall des Hybridfilters wurden der Übersichtlichkeit halber Bauteile wie Widerstände zur Arbeitspunkteinstellung etc. vernachlässigt, da diese die Kosten nur im niedrigen zweistelligen Cent-Bereich beeinflussen. Trotzdem werden zur Realisierung des aktiven Hybridfilters im Vergleich zur Pulskompensation erheblich mehr Bauteile benötigt.

Tabelle D-1: Kostenübersicht der Kernkomponenten für aktiven Hybridfilter und Pulskompensation

Hybridfilter		Pulskompensation	
Bauteil	**Preis ca.**	**Bauteil**	**Preis ca.**
6x 1 nF C_Y	7,00 €	3x Gate-Treiber	5,80 €
6x 47 nF C_Y	5,20 €	6x 20 nF C_Y	5,20 €
1x OP-Amp	2,10 €		-
4x Diode	1,00 €		-
2x BJT NPN	1,50 €		-
2x BJT PNP	1,50 €		-
Gesamt	18,30 €	Gesamt	11,00 €

Im Fall eines reinen analogen Hybridfilters für Gleichtaktstörungen kann für beide TN-Leitungen ein Verstärkerzweig verwendet werden, womit die Kosten etwa 18,30 € betragen. Dabei stellen die notwendigen Kondensatoren mit 12,30 € den größten Anteil dar. Verglichen mit der Pulskompensation, die Kosten von ca. 11,00 € verursacht, besteht ein Einsparpotential von etwa 40 % zwischen den beiden Filtervarianten. Mit 5,20 € geht ein Großteil der anfallenden Kosten der Pulskompensation auf die Kondensatoren zurück.

In [3] wurde ein analoger, aktiver CSCI-Filter mit einem konventionellen passiven Filter gegenübergestellt. Die Kosten für den aktiven Filter wurden dabei auf 15,60 € abgeschätzt. Anzumerken ist, dass in dieser Rechnung 10 € für die Aufbau- und Verbindungstechnik (AVT) veranschlagt wurden, in der hier angeführten Musterrechnung jedoch nicht. Andererseits konnte die gewünschte Filterdämpfung aufgrund unterdimensionierter OP-Amps nicht erbracht werden [3]. Eine Erweiterung zur Bereitstellung der notwendigen Kompensationsleistung würde diesen Unterschied erheblich verkleinern. Somit liegen der Hybridfilter und der aktive Filter aus [3], unter Berücksichtigung der AVT, in etwa bei 20 € bis 28 €.